L'AGRICULTURE POUR TOUS

ou

NOTIONS D'AGRICULTURE PRATIQUE

A L'USAGE DE LA JEUNESSE

L'AGRICULTURE POUR TOUS

OU

NOTIONS D'AGRICULTURE PRATIQUE

A l'usage de la Jeunesse

Par R. CLAYE

Ancien Cultivateur

Ancien Élève de Grignon

MEMBRE DES SOCIÉTÉS D'AGRICULTURE, D'HORTICULTURE
ET DE VITICULTURE D'EURE-ET-LOIR

———

Lauréat des Comices agricoles de Chartres, en 1850 (prairies artificielles) et de
Janville (Eure-et-Loir), pour types de bestiaux (races croisées)

CHARTRES

IMPRIMERIE DURAND FRÈRES, RUE FULBERT

—

1877

L'AGRICULTURE POUR TOUS

OU

NOTIONS D'AGRICULTURE PRATIQUE

A l'usage de la Jeunesse

Par R. CLAYE

Ancien Cultivateur

Ancien Élève de Grignon

MEMBRE DES SOCIÉTÉS D'AGRICULTURE, D'HORTICULTURE

ET DE VITICULTURE D'EURE-ET-LOIR

———

Lauréat des Comices agricoles de Chartres, en 1850 (prairies artificielles) et de Janville (Eure-et-Loir), pour types de bestiaux (races croisées)

CHARTRES

IMPRIMERIE DURAND FRÈRES, RUE FULBERT

—

1877

AVANT-PROPOS

Nous voyons chaque jour des jeunes gens de tout âge quitter l'école ou le collége sans y avoir rien appris en agriculture. Cependant un grand nombre d'entre eux seront cultivateurs ; ils devront conduire la charrue traditionnelle, diriger parfois une nombreuse domesticité, en un mot, se livrer tout entiers à la vie champêtre et à la gérance de leur exploitation. Et, faute d'avoir suivi quelque cours pratique d'agriculture lors de leurs études, ils courront le risque de tomber dans la routine, au grand détriment du progrès et surtout de leurs intérêts.

Pour n'avoir pas consulté les Thaër, les Dombasle, les Saint-Clair, les Lecouteux, les Heuzé, les Barral, les Grand-Voinet, les Vianne, les Bella, etc., ils ignoreront toutes les améliorations dont est susceptible tel ou tel système de culture ; ils ne sauront presque rien du rôle que joue la science dans le perfectionnement des engrais ; en un mot, ils n'auront qu'une idée vague de la technologie agricole.

Voilà où en est actuellement une bonne moitié de la jeunesse studieuse. Pas un mot de la profession qu'on exercera peut être toute une vie ne viendra se joindre à la sécheresse du thème grec ou à l'aride problème sur lequel on exerce sa patience.

Il est profondément regrettable que cette science, « la source première des richesses et de la grandeur de la patrie, » comme l'a dit M. Ch. de Meixmoron de Dombasle, ne soit pas mieux étudiée ni plus approfondie. C'est là une lacune de l'enseignement professionnel. Pour obvier en partie à ce grave inconvénient, je livre à la publicité ce petit traité que j'aurais tenu *in petto* si je n'avais suivi le conseil de plusieurs de mes amis. Je le reconnais assez imparfait au point de vue de la diction, mais je le crois fécond en enseignements pour le praticien qui voudra bien profiter des conseils dictés par quarante années d'expérience et de recherches plus ou moins fructueuses.

J'ai tenu à mettre ce volume à la portée de la jeunesse en adoptant la méthode catéchistique. Je ne me dissimule pas, en terminant, que plusieurs éditions pourront améliorer notablement l'ensemble du livre. Mon but serait atteint si, en le publiant, je pouvais rendre quelque service au monde agricole, et par suite à la société.

R. CLAYE.

La Ferme-aux-Moines (Oulins), le 5 janvier 1878.

L'AGRICULTURE POUR TOUS

ou

NOTIONS D'AGRICULTURE PRATIQUE

A l'usage de la Jeunesse

LIVRE 1er

PREMIÈRE PARTIE.

D. *Qu'est-ce que l'agriculture?*

R. L'agriculture est l'art de faire rendre à la terre les produits les plus avantageux. Celui qui l'exerce cherche à se procurer un gain, à acquérir de l'argent ; l'agriculteur le plus parfait est celui qui tire de son industrie le profit le plus grand et le plus durable, sans trop épuiser sa terre.

D. *Comment s'enseigne l'agriculture?*

R. Il est trois manières d'enseigner ou d'apprendre l'agriculture.

1° Comme métier, par le travail manuel.

2° Comme art.

3° Comme science.

D. *Comment entend-on l'agriculture comme métier ou comme travail manuel ?*

R. C'est que l'apprentissage de l'agriculture par le travail proprement dit se borne à l'imitation et à la pratique des opérations ; ce n'est qu'une simple exécution ; le cultivateur manouvrier ne peut donc faire qu'imiter et en demeurer à ses opérations ordinaires, plus ou moins modifiées par le temps et les circonstances, sans même le plus souvent en connaître et en indiquer les motifs.

D. *Comment entend-on l'agriculture comme art ?*

R. C'est que l'art est la réalisation de l'idée, celui qui l'exerce reçoit des autres par confiance l'idée ou la règle de ce qu'il fait ; l'apprentissage de l'art consiste aussi dans l'adoption d'idées étrangères, dans l'étude des règles et dans l'aptitude à les mettre en pratique.

D. *Comment entend-on l'agriculture comme science ?*

R. On entend l'agriculture comme science, parce qu'elle développe les motifs d'après lesquels elle découvre les meilleurs procédés possibles que, pour chaque cas éventuel, elle apprend à distinguer avec précison.

L'art exécute une loi donnée et reçue ; la science donne la loi.

BASES DE LA SCIENCE

D. *Qu'entend-on par bases de la science ?*

R. On entend par bases de la science de l'agriculture ce qui repose sur l'expérience ; on ne peut exiger d'elle que les choses qui appartiennent à une science pratique.

Exemple : Ainsi, pour produire un épi de blé dans sa perfection, il faut :

1º Un grain de blé sain, avec un germe entier ;

2º De la terre remuée et bien préparée ;

3º L'humidité convenable, ni trop ni trop peu ;

4º La chaleur au point nécessaire ;

Voilà ce qu'on savait ; maintenant on sait qu'il faut de plus :

5º De l'air, car dans le vide aucun germe ne se développe ;

6º De l'oxygène dans la proportion convenable ;

7º Du carbone, car sans lui la plante ne peut que fleurir, et nullement donner de la graine ;

8º De la lumière, car, sans elle, la plante s'étiole et meurt avant sa maturité.

Il faut donc le concours de toutes ces différentes substances, de ces agents et même de plusieurs autres pour produire un épi, et leur juste proportion pour l'amener à sa perfection. La non-réussite peut tenir au défaut de l'un ou de l'autre, soit dans l'air, soit dans le sol.

D. *Qu'est-ce que le sol ?*

R. Le sol est la couche supérieure de la terre qui, dans ses rapports avec les végétaux, doit être regardée comme un milieu solide, mais meuble, où les plantes prennent leur point d'appui, et trouvent, pour les absorber en temps utile, tous les aliments de leur vie souterraine.

D. *Comment a-t-on nommé cette aptitude du sol ?*

R. On a nommé *productibilité, fécondité, fertilité,* cette aptitude du sol à faire croître à ses dépens les végétaux dont il a reçu les éléments de reproduction (telle que graine, marcotte, bouture, plant, etc.): de là les éléments de la reproduction du sol.

D. *Que signifie productibilité, fécondité, fertilité ?*

R. Ces trois mots sont synonymes, c'est l'aptitude du sol dont j'ai parlé.

D. *Qu'est-ce que des terrains agricoles ?*

R. C'est le sol en contact direct de l'atmosphère et assis sur des couches sous-jacentes *perméables* ou *imperméables.* Jusqu'à une certaine profondeur des débris organiques, c'est la couche des *terrains agricoles.*

D. *Quelles sont les propriétés des terrains agricoles ?*

R. Leurs propriétés varient nécessairement avec la nature des éléments qui prédominent dans la masse ; de là deux grandes *divisions.*

D. *Qu'entend-on par sol perméable ?*

R. C'est le sol qui laisse facilement l'eau filtrer à travers ses couches sans pouvoir la retenir,

D. *Qu'entend-on par sol imperméable?*

R. C'est le sol qui retient l'eau à sa surface sans que celle-ci puisse traverser ses couches.

D. *Qu'est ce qui permet à un sol d'être perméable?*

R. C'est que rien ne s'oppose au passage de l'eau. Ce sont les terres légères, calcaires, sablonneuses, etc., qui n'ont pas de consistance ou très-peu, et qui ne contiennent pas d'argile.

D. *Qu'est-ce qu'un sol imperméable?*

R. C'est un sol qui est composé de terre forte de toute nature, où l'argile est dominante plus ou moins ; aussi nous avons des sols de terre franche qui ne sont ni trop perméables ni trop imperméables, suivant la quantité d'argile combinée avec l'alumine, la marne, le calcaire, etc., qui en font la composition naturelle jusqu'à une certaine profondeur.

D. *Quelles sont les deux grandes divisions des terrains agricoles?*

R. Les terrains à bases minérales distingués en terres *calcaires* et *non calcaires*, les unes et les autres plus ou moins siliceuses ou argileuses.

Les terrains à bases organiques distingués en sols de *terreaux doux* et en sols de *terreaux acides* ou *terreaux de bois* ou de *bruyère* et *tourbe*.

D. *Qu'appelle-t-on base minérale?*

R. C'est le sol où les minéraux dominent.

D. *Qu'appelle-t-on base organique?*

R. C'est le sol où les détritus des végétaux sont jetés sur place et forment une vraie terre organique, c'est-à-dire composée de tous les détritus des plantes qu'elle a nourries pendant des siècles et que l'on cultive aujourd'hui. L'eau se rencontre aussi dans les terrains agricoles, et motive, selon son abondance ou sa rareté, leur classification en terrains submersibles, marécageux, humides, frais, ou secs.

D, *Qu'est-ce que l'eau?*

R. L'eau est un élément liquide à la température ordinaire,

transparente, incolore, inodore, limpide, compressible, élastique, etc.

D. *De quoi est composée l'eau ?*

R. L'eau est un fluide composé d'hydrogène et d'oxygène. Elle se trouve en abondance dans la nature tant à l'état solide (glace), qu'à l'état liquide (eau) et à l'état de vapeur (eau bouillante, sa vapeur, les brouillards, etc.)

D. *Qu'est-ce qu'un terrain submersible ?*

R. C'est celui qui est susceptible d'être submergé, soit par les mers, soit par le débordement des rivières, des fontes de neige, les grandes eaux, etc.

D. *Qu'est-ce qu'un terrain marécageux ?*

R. C'est un terrain renfermé dans des bas-fonds où l'eau séjourne toujours sans aucun écoulement, si l'on n'y met remède. Dans ce terrain poussent des plantes aquatiques de toute nature qui, par les détritus de leurs fortes pousses vertes engendrent les miasmes des marécages.

D. *Qu'appelle-t-on plantes aquatiques ?*

R. On appelle plantes aquatiques toutes celles qui ne peuvent vivre que dans l'eau ; si l'eau se retire, elles meurent.

D. *Qu'est-ce qu'un terrain humide ?*

R. C'est une terre qui garde l'eau assez longtemps pour que l'on ne puisse la cultiver, à moins de la faire *drainer*.

D. *Qu'est-ce qu'un drainage ?*

R. Ce sont des conduits ou tranchées sur terre ou des conduits couverts, avec des tuyaux, par lesquels, avec une légère pente bien entendu, on renvoie l'eau d'un plateau dans un bas-fonds ou dans des perd-eau faits à la demande.

D. *Qu'est-ce qu'un terrain frais ?*

R. C'est un terrain qui se trouve toujours dans un état normal : ni trop frais, ni trop humide, ni trop sec, où l'eau filtre à travers la terre assez vite pour ne pas gêner les labours ni les plantes, et qui garde assez d'humidité pour qu'elle ne se dessèche que rarement.

D. *Qu'est-ce qu'un terrain sec ?*

R. C'est ordinairement un terrain crayeux où il y a beaucoup de chaux ou de pierre à chaux ou du sable ; où l'eau passe comme dans un filtre sans que rien ne puisse la retenir, vu qu'il n'y a pas présence d'argile ou très-peu, c'est-à-dire pas assez pour le rendre imperméable. Par les grandes chaleurs, sans eau, ces terres se dessèchent ainsi que les plantes qu'elles ont fait végéter jusque-là ; elles ne nourrissent alors qu'une plante faible qui donne un grain sans maturité parfaite et même. quelquefois meurt avant sa croissance finie.

DEUXIÈME PARTIE

D. *Ce qu'il faut encore voir dans les terres cultivables.*

R. C'est leur *structure*, leur *stratification*.

D. *En agriculture, qu'est-ce que le sol?*

R. En culture, on donne le nom de *sol* à la couche arable, c'est-à-dire à la masse terreuse pénétrée par les instruments aratoires jusqu'à 0ᵐ25 à 0ᵐ30 de profondeur.

Par opposition, le sous-sol est la couche *perméable* ou *imperméable* sur laquelle repose directement le *sol*. Cette couche est ou n'est pas de même composition que la couche arable, et, par conséquent, elle peut l'*améliorer* ou bien *aggraver ses défauts*, selon le cas.

D. *Qu'appelle-t-on sous-sol ?*

R. C'est la couche d'après le sol ou terre arable que l'on appelle *sous-sol*, lequel est *perméable* ou *imperméable*.

D. *Pourquoi dit-on que cette couche du sous-sol peut améliorer le sol ?*

R. Elle peut améliorer le sol si elle ne contient rien qui puisse nuire à la végétation et, qu'au contraire, si elle contient des terres améliorantes, le sol en profite, si toutefois elle est bien défoncée, cultivée et mélangée à un certain degré par une bonne culture qui la réunit à la couche arable.

D. *Pourquoi dit-on qu'elle peut aggraver ses défauts?*

R. C'est que, si le *sous-sol* ne vaut rien, qu'il ne soit composé que de *pierres*, de *craie*, de *sable*, de terre *inerte*, *d'oxyde de fer*, etc., par rapport à la couche arable qui est un peu meilleure, si on les mélange bien ensemble, le sous-sol absorbera le peu d'humus contenu dans la couche arable et la rendra productive ; à moins que l'on y mélange beaucoup d'engrais, d'amendements ; et encore il faudra beaucoup de temps d'aération afin que tous les acides nuisibles à la végétation qu'elle contient puissent s'évaporer à la longue ; et alors avec une bonne culture de plantes sarclées, telles que la pomme de terre bien amendée et fumée, on pourra la ramener en bien moins de temps. Si dans la suite, on en fait des prairies artificielles, luzerne, trèfle, sainfoin, etc. qui y viennent bien, vous en pourrez faire une terre de bonne qualité et toujours plus productive que celle qui n'a pas été défoncée ; mais aussi, elle aura coûté du temps et de l'argent.

D. *Qu'y a-t-il sous le sous-sol?*

R. Au dessous du sous-sol se présentent d'autres couches qui peuvent intéresser le cultivateur:

1° Par leur perméabilité et leur imperméabilité ;

2° Par leurs *amendements* d'une extraction plus ou moins facile.

D. *Qu'est-ce qu'on appelle amendements ?*

R. Ce sont toutes les matières fabriquées qui sont livrées au commerce comme *engrais* et qui ne sont, à vrai dire, que des stimulants qui ne servent qu'à faire dépenser les sucs à la terre qui en a, et à lui donner un peu de vivacité, si on y met de vrais *engrais*, c'est-à-dire de bon fumier bien fait. Voilà le véritable *engrais*.

D. *Combien y a-t-il de sortes d'amendements ?*

R. On en cite beaucoup, mais il y en a deux principaux :

1º Celui dont nous venons de parler, préparé par la main des hommes ;

2º Les amendements *minéraux* qui sont des substances extraites du sol à l'effet d'être appliquées à l'intérieur ou à la surface de la couche arable.

(La chaux, la marne, le plâtre, les cendres pyriteuses, la tourbe, curages de rivières, gazons consommés, détritus, compost, etc.)

TROISIÈME PARTIE

D. *Il faut aussi étudier la position géographique ou la situation météorologique en vertu de laquelle les mêmes sols ne donnent pas les mêmes productions sous tous les climats.*

1º L'état chimique du sol, ou sa richesse :
Est la matière élémentaire entretenue par les engrais.
2º L'état physique du sol ou sa puissance :
Est entretenu par la culture mécanique.
3º La situation météorologique :
Est constituée par les climats.
Tels sont les principaux éléments de la fertilité du sol.

1º État chimique du sol (richesse).

D. *Qu'entend-on par l'état chimique du sol ou sa richesse?*

R. Ce sont les matières solubles et assimilables contenues dans la couche végétale, d'après les chimistes :
Telles que l'oxygène, l'eau, l'acide carbonique, l'azote, la potasse, les phosphates et les sulfates.

D. *Qu'est-ce que l'oxygène?*

R. L'oxygène est un gaz sans odeur et sans saveur, invisible comme l'air, ayant la propriété de rallumer les corps en ignition (une allumette presque éteinte mais présentant encore un peu de charbon rouge s'enflamme tout-à-coup, lorsqu'on la plonge dans un flacon d'oxygène). C'est là une de ses propriétés caractéristiques.

D. *Qu'est-ce que l'eau pour l'agriculture ?*

R. L'eau dissout presque tous les corps, quel que soit leur état ; elle se rencontre dans tous les terrains agricoles, et motive, nous l'avons dit, suivant son abondance et sa rareté, leur classification en terrains submersibles, marécageux, humides, frais ou secs ; elle décompose les végétaux. Ceux-ci tombent en terreau et forment de l'humus qui sert à la nourriture des plantes. L'eau du ciel entretient une bonne végétation, lorsqu'elle arrive à point. Sans eau, les plantes ne pourraient vivre, non plus que si elles étaient privées d'air (1).

D. *Qu'est-ce que l'air atmosphérique pour l'agriculture ?*

R. L'air est un fluide inépuisable et se reconstitue de lui-même, par la seule influence des agents naturels. Il n'en est pas de même des terrains agricoles que l'homme dépouille de leur récolte tôt ou tard, selon leur dose de richesse accumulée ; ces terrains s'épuisent, et, pour qu'ils retrouvent leur puissance première de productibilité, il faut que la culture leur restitue l'équivalent de ce qu'ils ont fourni aux récoltes antérieures : je veux parler des engrais et des amendements.

D. *Qu'est-ce que l'acide carbonique ?*

R. C'est le premier gaz qu'on ait appris à distinguer de l'air ; il est invisible comme lui, il a une légère saveur, tous les liquides mousseux doivent cette propriété à l'acide carbonique (cidre bouché, le champagne, etc.) On le rencontre en abondance dans la nature, soit libre, soit combiné avec d'autres corps. L'acide carbonique abonde dans les terreaux (humus) des sols riches ; les plantes l'absorbent en grande

---

(1) L'atmosphère est une masse gazeuse qui enveloppe la surface du globe à la hauteur de 16 lieues. C'est un mélange d'azote, d'oxygène et d'un peu d'acide carbonique. C'est un milieu où le calorique, l'électricité et la lumière se manifestent.

quantité dans l'air, aussi on regarde l'acide carbonique comme très-utile à la végétation, la culture le considère comme indispensable pour la nourriture des plantes. Tout corps allumé plongé dans ce gaz s'y éteint subitement ; tout animal qui y reste quelque temps est asphyxié.

D. *Qu'est-ce que l'azote, et quel rôle joue-t-il en agriculture ?*

R. *L'azote* est un gaz qui forme les quatre cinquièmes du volume de l'atmosphère ; il est incolore, inodore, insipide, et éteint les corps en ignition. Il fait partie de toutes les matières animales ; une matière est plus ou moins nourrissante, substantielle, suivant qu'elle contient plus ou moins *d'azote. L'azote*, en agriculture, est regardé par les premiers auteurs comme l'élément le plus essentiel à rechercher dans les engrais. Aussi ceux où l'azote abonde sont, en général, ceux qui ont le plus de valeur numéraire, et qui produisent le plus rapidement les récoltes abondantes et nutritives.

D. *Qu'est-ce que la potasse ?*

La *potasse*, dans le commerce, est le résidu des plantes et des bois brûlés dont on recueille les cendres pour l'en retirer. Ces cendres sont un très-bon excitant pour les plantes, même pour les prés. Elle est encore meilleure lorsqu'on s'en est servi pour faire des lessives ; alors on la nomme *charrée*. La potasse épurée est blanche, très-caustique et très-déliquescente.

D. *Définir les phosphates.*

R. Ce sont des sels qui aident à la végétation, surtout le phosphate de chaux qui est un sel des plus communs ; il constitue les squelettes des animaux dont on retire le noir animal pour amendement.

D. *Ce que sont les sulfates et leur emploi en agriculture ?*

R. Le *sulfate* de *chaux* est la *pierre à plâtre*. On trouve ce sel dans la nature, on le nomme aussi *Gypse, pierre à Jésus.*

Il cristallise en lames minces, transparentes ; on le trouve en abondance dans les environs de Paris.

On emploie le plâtre en agriculture, non pas comme *engrais*, car tout *engrais* doit contenir plus ou moins de matières animales, afin de féconder le sol, mais comme excitant la végétation ; il sert particulièrement aux prairies et surtout aux prairies artificielles. (Luzerne, trèfle, sainfoin, minette, raigrass, etc.)

D. *Qu'appelle-t-on matières solubles et assimilables ?*

R. Ce sont celles dont nous venons de parler, qui se mélangent ensemble et forment la *richesse du sol*.

D. *La richesse du sol peut-elle se réparer seule par la nature ?*

R. Non, la richesse du sol ne peut se réparer seule, vu que les eaux pluviales ne peuvent suffire, et que les gaz atmosphériques que la terre absorbe ne sont pas assez rémunérateurs ; la nature n'est donc pas assez réparatrice, dit M. Lecouteux. C'est *l'agritulture progressive* qui y ajoute les *vrais engrais, les fumiers de ferme*. Puis les *amendements* et les arrosements avec les purins, ou les urines recueillies dans des fosses.

D. *Que faut-il pour que les vrais engrais remplissent, dans toutes ses conditions, leur rôle alimentaire à l'égard des plantes ?*

R. Il faut qu'ils contiennent en eux-mêmes le contingent, la dose des matières assimilables que le sol doit, pour sa part, fournir à la végétation, le reste du contingent étant procuré par l'atmosphère. Il n'y a, par conséquent, d'*engrais complets* que ceux dans lesquels les plantes cultivées retrouvent tous les éléments de leur alimentation souterraine ; et voilà pourquoi, de l'avis des chimistes agricoles les plus compétents, le *fumier de ferme* bien préparé doit être considéré comme le type de l'*engrais* le mieux approprié aux besoins variés de l'alimentation végétale.

D. *N'y a-t-il pas d'exception ?*

R. Non, il n'y en a pas. Seulement, parmi les substances

qui constituent les *engrais*, il y en a auxquelles la science et la pratique ont donné la préférence.

D. *Quels sont ces éléments ?*

R. Ce sont les éléments azotés, les éléments carbonés et certaines substances minérales, dont nous venons de parler.

D. *Qu'est-ce que le terreau ou humus ?*

R. Le terreau ou humus est la décomposition des substances organiques. Il renferme, par cela même, lorsqu'il est *vrai humus*, les principaux éléments de la nutrition végétale, savoir : le *carbone*, des *sels alcalins* et même de l'*azote*. Le terreau, très-lent à se décomposer, reste assez longtemps dans le sol pour y jouer le rôle *d'amendement*, attirer l'humidité de l'air, diminuer la cohésion des terres tenaces et augmenter celles des terres légères.

D. *Pourquoi le terreau (humus) est-il lent à se décomposer ?*

R. C'est parce qu'il n'est pas regardé comme un corps simple et qu'il n'est pas volatil comme les corps azotés.

D. *Qu'est-ce qu'un corps simple ?*

R. C'est celui qui est seul, c'est-à-dire qui n'est pas combiné avec les autres corps.

D. *Qu'est-ce qu'un corps composé ?*

R. C'est celui qui est combiné avec un ou plusieurs autres corps.

D. *L'azote et le carbone sont donc bien utiles pour le sol et pour les plantes ?*

R. Ils sont indispensables, mais qu'on ne s'y trompe point, car les savants chimistes qui ont accordé à l'azote le premier rang parmi les substances fécondantes ont, en même temps, reconnu toute l'importance de *l'humus* et des éléments *carbonés* ; ils n'ont pas perdu de vue que, dans les sols pauvres, il ne suffit pas de donner à la végétation une nourriture facilement et promptement assimilable, comme *l'azote*. Personne, mieux qu'eux, ne savait que, dans ce cas, il fallait leur donner des *engrais* dont la décomposition ne marche pas plus vite que l'absorption végétale. Ils sont donc de première nécessité en culture, car il faut au sol et aux plantes de *l'azote*, de *l'humus* et du *carbone* tout à la fois. Seulement, l'azote est plus difficile à obtenir que l'humus et le carbone.

D. *Qu'est-ce donc que le sol est chargé de fournir aux plantes?*

R. Le sol est chargé de fournir aux plantes tous les éléments de leur alimentation souterraine. Il faut reconnaître que la richesse des terrains agricoles n'est complète qu'autant qu'elle se compose elle-même de · tous les éléments recherchés par les racines des plantes.

D. *Lorsque le sol ne peut fournir assez de nourriture aux plantes par lui-même, quel moyen peut-on employer?*

R. C'est de là qu'on a vu l'utilité des matières assimilables, de là que l'on cherche à se procurer le carbone et l'azote de la matière organique, les phosphates et les sulfates de la nature minérale et inorganique ; de là l'utilité de l'engrais mixte connu sous le nom de *fumier de ferme*, et celle de la chaux, de la marne, des engrais actifs, etc.

De là aussi la nécessité d'une certaine quantité d'eau pour dissoudre dans le sol toutes ces substances et les rendre assimilables en temps utile. Une substance est donc *engrais* quand elle sert spécialement à l'alimentation végétale ; elle est amendement quand elle agit principalement sur les propriétés physiques du sol.

Voilà ce que la science enseigne à qui veut l'entendre. (Voir l'ouvrage de M. Lecouteux).

Nous avons parlé de l'état chimique du sol, expliqué les mots dont on s'est servi pour prouver sa richesse

Maintenant parlons de l'état physique du sol, ou de sa puissance.

D. *Qu'est-ce que l'état physique du sol?*

R. Nous avons dit, d'après M. Lecouteux, que si le titre de

richesse désigne l'état chimique du sol, le titre de puissance s'applique, par opposition, à son état *physique*. C'est-à-dire principalement à son état d'ameublissement et de fraîcheur, à l'inclination et à l'exposition de sa surface, à l'épaisseur de la couche arable, à la nature des couches sous-jacentes (ou sous-sol), à l'influence pius ou moins intense de la couche imperméable.

La *puissance* résume donc toutes les circonstances physique en vertu desquelles la matière assimilable se transforme en récoltes utiles.

D. *A quoi sert la puissance en agriculture?*

R. Elle sert à diminuer la tendance des terres à se crevasser, à se tasser, à s'imprégner de mauvaises herbes, à empêcher le retour à leur état naturel, qui diffère de l'état cultivé, etc. Il faut donc que par l'agriculteur cette puissance soit entretenue, ou par la végétation des arbres et des prairies, ou par un *alternat* judicieux de plantes qui affermissent ou ameublissent le sol, qui étouffent les mauvaises herbes, ou bien encore par des travaux périodiques (labours, hersages, roulages, sarclages, binages, etc.)

D. *N'y avait-il rien à faire à la terre avant d'en arriver à maintenir cette puissance?*

R. Si, il y avait beaucoup à faire, car, avant d'en arriver là, il a fallu que la puissance naturelle du sol ait été modifiée par des amendements, tels que la *marne*, la *chaux* en cas de manque de calcaire, par des irrigations en cas de sécheresse, par des défoncements qui accroissent l'épaisseur du sol, etc.

D. *Qu'appelle-t-on alternat en culture?*

R. On appelle alternat ou assolement alterne en agriculture, la succession des plantes cultivées, mais sans que ces plantes de la même famille ne reviennent si souvent sur la même terre et à la même place, afin que la terre puisse renouveler ses principes nutritifs pour les recevoir et les nourrir.

Exemple : L'assolement triennal : jachère, blé, avoine ou orge.

Il n'y a donc d'alternat que la jachère, vu que le blé et l'avoine sont des céréales, il y a bien longtemps qu'il en est ainsi ; mais aussi la terre en est lasse, et la culture progressive a trouvé que, par le moyen de l'alternat, on pouvait arriver à de meilleurs résultats. Dans une terre ordinaire bien cultivée, on peut se servir de la jachère au lieu de la laisser en jachère morte comme l'assolement *triennal* l'entend.

D. *Qu'appelle-t-on assolement alterne ?*

R. Un assolement alterne bien entendu fait que deux céréales ou autres plantes de même nature ne se suivent jamais.

Première année. Plantes *sarclées* sur jachère; après la récolte des plantes sarclées, pomme de terre, betteraves, carottes, etc., on y sème du grain de mars.

Deuxième année. Grain de *mars ; avoine* ou *orge* dans ces grains de mars; on y sème des prairies artificielles (sainfoin, trèfle, minette, luzerne, etc.)

Troisième année. Prairies artificielles, ces prairies ont été semées dans les mars. On rompt ces prairies la 1re ou la 2e année et on y met :

Quatrième année. Du blé qui y vient très-bien. On conserve les bonnes luzernières pour autant de temps qu'on peut les garder, c'est-à-dire tant que les mauvaises herbes ne les envahissent pas. On y arrive par les hersages énergiques, les amendements solides ou liquides, etc.

Cinquième année. Après le blé on fait des grains ronds dans une partie du colza, de la navette, etc., et on continue ainsi à ne jamais mettre deux céréales de suite. (Nous en parlerons plus amplement aux assolements). Puis vous recommencerez au bout de cette période, à moins que vous ne cultiviez les plantes industrielles dont l'assolement continue toujours.

D. *Qu'appelle-t-on luzernière ?*

R. On appelle luzernière la terre qui est en luzerne depuis plusieurs années.

Si la luzernière a été bien entretenue, on la rompt, et elle reprendra son rang dans la culture ; ou bien une autre luzernière que l'on a dû semer les années d'après en prend la place, et ainsi de suite, car il faut toujours une bonne luzernière dans une exploitation agricole, surtout dans les pays où il n'y a pas de prairies naturelles (prés).

Remarque. — On est quelquefois forcé de faire suivre deux céréales de suite. Lorsque la terre est riche en humus, il n'y a pas de grands inconvénients, mais il faut, autant que possible, éviter cela.

D. *Pourquoi la science et la pratique défendent-elles de faire succéder deux céréales de suite dans la même terre?*

R. C'est parce que la terre se lasse de donner toujours la même nourriture aux plantes, tandis que, lorsque vous les alternez cela change les dispositions de la terre ; et les plantes nuisibles qui viennent dans les céréales ne naissent pas dans les pommes de terre, betteraves, carottes, etc., ou, si elles viennent à lever, on les détruit par les binages, les sarclages, etc., qui sont alors indispensables. Puis tous les sucs que la terre contient ne sont pas tous favorables au blé et à l'avoine pour une deuxième récolte de céréales se succédant ; au contraire, étant alternée, une autre plante se nourrira des sucs laissés par celle qui la précédait, vu que chaque famille a besoin de sucs différents. Ainsi le blé n'aime pas les grosses et grandes fumures, mais bien un terrain meuble et frais, où le fumier est consommé. Autrement, il pousse trop, verse et ne rend presque pas de grains, tandis qu'après que les plantes sarclées ont pris tous les gros sucs des fumiers, les céréales se contentent des sucs restant dans une terre meuble et bien préparée, quoi qu'elle ait déjà nourri d'autres plantes.

D. *Qu'appelle-t-on familles des plantes?*

R. Ce sont toutes les plantes qui se ressemblent et qui

ont entre elles un grand rapport ; c'est pourquoi les botanistes les ont rangées par groupes ; (les céréales dans la famille des graminées, les choux dans la famille des crucifères, etc., la botanique vous instruira à ce sujet.)

Situation météorologique du sol

D. *Qu'entend-on par situation météorologique du sol ?*

R. On entend que, directement en rapport avec l'atmosphère, la couche végétale doit nécessairement ressentir les effets de la *latitude* et de *l'altitude*. C'est cela que M. de Gasparin a mis en parfaite évidence dans sa division de l'Europe en cinq grandes régions météorologiques, savoir :
1° La région des oliviers ;
2° La région de la vigne et du maïs ;
3° La région des céréales ;
4° La région des herbages ;
6° La région des forêts.

D. *Qu'est-ce que la région des oliviers ?*

R. 1° La région des oliviers est caractérisée par une température assez douce pour ne pas exposer trop souvent l'olivier à la gelée, et par une température assez chaude pour amener les olives à maturité.

D. *Qu'est-ce que la région de la vigne et du maïs ?*

R. 2° La région de la vigne et du maïs se fait remarquer par une température plutôt sèche et chaude, qu'humide et froide.

D. *Qu'est-ce que la région des céréales ?*

R. 3° La région des céréales se fait remarquer par une chaleur moins intense et mieux combinée avec l'humidité que dans les régions précédentes.

D. *Qu'est-ce que la région des herbages ?*

R. 4° La région des herbages se fait remarquer par l'humidité qui l'emporte sur la sécheresse.

D. *Qu'entend-on par la région des forêts ?*

R. 5° La région des forêts se fait remarquer par les roches, les cimes escarpées, les pentes abruptes des montagnes, les plaines basses que leur état de pauvreté rend impropres à toute autre production que celle des matières ligneuses.

Exemples : Les craies de la Champagne ;
Les sables de la Sologne ;
Les landes de la Gascogne, etc.

D. REMARQUE. — *Dans ces régions dont nous venons de parler, ne peut-on pas aussi cultiver des céréales et des herbages ?*

R. Dans toutes ces régions aujourd'hui on cultive des céréales et des herbages, seulement on a plus de mal à les obtenir, vu que la culture y est plus difficile, soit par l'engazonnement des terres, leur force ou leur légèreté, leur humidité ou leur sécheresse, leurs mauvais sous-sols, etc. Mais avec de la patience, de l'argent, du savoir et de la volonté, on y arrive plus ou moins bien. Il faut, pour cela, bien étudier la position, les terrains et les climats de chaque région, afin de pouvoir arriver à son but ; c'est donc par une culture alterne et améliorante que l'agriculture progressive permet d'y arriver.

Solidarité des éléments qui constituent la productibilité du sol

D. *Qu'entendez-vous par la solidarité des éléments qui constituent la productibilité du sol ?*

R. Nous entendons qu'évidemment parmi les éléments de la productibilité du sol, il y en a un, la *situation météorologique* qui, moins que les autres, subit l'action de l'industrie de l'homme (c'est-à-dire que l'homme n'y peut rien ou peu de chose) ; en sorte que c'est surtout sur la *puissance* et la *richesse* du sol que l'agriculture doit faire peser ses efforts. Tenir un juste équilibre entre ces deux éléments, tel est effectivement le grand problème dont la solution motive deux branches principales d'opérations agricoles :

L'alimentation végétale d'une part ;

La culture mécanique d'autre part.

Voilà pourquoi les Allemands, cherchant à démontrer que la fécondité du sol est le produit de la multiplication de la richesse par la puissance, ont donné la célèbre formule agronomo-métrique : $F = R \times P$.

Ou *fécondité* F égale la *richesse* R multipliée par la *puissance* P.

D. *Que signifie cette formule en trois lettres : $F = R \times P$?*

R. Elle signifie que c'était à tort que, s'éxagérant sur la fertilisation du sol par l'atmosphère, les partisans de *Tult* niaient l'utilité des engrais et proclamaient la toute-puissance absolue des opérations mécaniques tendant à l'aération, à l'ameublement, et à la pulvérisation du sol. Ils ont tort également, ceux là qui, frappés de leurs succès d'un instant, obtenus à l'aide d'amendements calcaires, ou de labours profonds qui *améliorent le sol par le sous-sol*, n'ont pas compris qu'il fallait faire marcher l'accroissement des *engrais* organiques, parallèlement à l'emploi des amendements et à l'approfondissement de la couche arable.

D. *Que signifient aussi ces succès pour un instant obtenus à l'aide d'amendements calcaires, de labours profonds qui améliorent le sol par le sous-sol, mais à court terme ?*

R. Cela signifie que les amendements calcaires sont très-bons, les labours profonds parfaits, puisqu'ils améliorent encore le sol déjà amélioré par le sous-sol ; mais aussi, pour les soutenir, les entretenir et les pousser à une végétation convenable, il faut qu'ils soient accompagnés de vrais *engrais* (engrais de ferme). Ainsi, par exemple, en défonçant un sous-sol très-bon par rapport au sol moins bon on améliore réellement le sol lorsqu'il est bien mélangé avec lui, en lui retirant toutes les substances nutritives que le sous-sol est obligé de lui céder et alors ils se trouvent tous deux avoir besoin d'*engrais ;* il faut donc, en proportion du défoncement, assez d'*engrais* pour nourrir le sol et le sous-sol, c'est-à-dire qu'au lieu de 0^{m}15 qu'avait le sol en culture, si on a défoncé le sous-sol de 0^{m}15 aussi (total 0^{m}30 en culture), il faut le double d'engrais, en outre des amendements. De plus, il faut encore choisir les plantes qui aiment une nouvelle terre, telle que les plantes sarclées, les avoines quelquefois, les blés bien rarement, vu que pour le blé, il faut une terre aérée de longue main. Et si, à ce sol défoncé, devenu à peu près bon, bien fumé, vous ne donnez pas une bonne culture par un assolement alterne, et que vous négligiez l'engrais, il ne restera pas longtemps riche et deviendra bientôt *ingrat*.

D. *Pourquoi deviendra-t-il ingrat s'il ne reçoit pas de fumier et une bonne culture alterne?*

R. C'est parce que les amendements, tant bons qu'ils soient, feront dépenser à la terre, c'est-à-dire au sol et au sous-sol défoncé, tous les sucs que cette terre contiendra au profit des plantes qu'elle nourrira. Puis elle redeviendra plus sèche et plus aride qu'elle n'était auparavant, si vous ne lui donnez pas de vrais engrais et une bonne culture améliorante. Voici un fait qui le prouve.

La nature n'a créé rien de rien, et l'agriculture est, à plus forte raison, soumise à cette même loi des substitutions qui astreint à rendre au sol par les engrais ce qu'on lui prend par les récoltes épuisantes.

On ne fume pas à coups de *charrue*, on ne fume pas avec des *amendements*. Ces opérations tendent à développer la *puissance* du sol et à rendre plus promptement, plus facilement assimilables les substances qu'il contient. Voilà comment il advient que, suivant un vieux dicton : *La marne enrichit les pères et ruine les enfants* qui, ne voyant que les premières récoltes venues sur le marnage, se bornent à renouveler cet *amendement*, ou, si l'on veut, cet engrais incomplet, sans enfouir en même temps dans le sol d'autres engrais renfermant les autres principes utiles à la végétation (de bon fumier).

LIVRE IIᵉ

PREMIÈRE PARTIE

DES ASSOLEMENTS

Système de culture de M. Heuzé. (Voir son cours pratique d'agriculture).

D. *Qu'entend-on par assolement ou succession de cultures ?*

R. On entend par *assolement*, l'ordre dans lequel des récoltes diverses et différentes les unes des autres se succèdent sur un terrain pendant un nombre d'années déterminé.

Ainsi lorsqu'on fait suivre dans le même champ quatre récoltes, quelles qu'elles soient, on a formé un assolement quatriennal, c'est-à-dire assolement de quatre ans.

Exemple :
1ʳᵉ année : plantes sarclées, pommes de terre, betteraves.
2ᵉ année : céréales de mars, avoine, orge.
3ᵉ année : prairies artificielles, sainfoin, trèfle.
4ᵉ année : céréales d'automne, froment.

D. *Qu'appelle-t-on assoler un domaine ?*

R. C'est partager les terres labourables d'une exploitation en autant de parties égales en étendue que l'assolement compte d'années.

D. *Les prairies artificielles entrent-elles dans les assolements ?*

R. Oui, le sainfoin, le trèfle violet, la minette ou lupuline entrent dans les assolements ; le trèfle incarnat semé après une récolte sert le plus souvent de jachère verte, vu que celle-ci peut durer aussi longtemps que l'assolement et même plus. Si on a un assolement de quatre ans comme celui que nous avons vu plus haut, elle peut durer bien plus longtemps, lorsque le sous-sol lui convient, 5, 6, 7, et 8 ans, jusqu'à ce qu'elle ne produise plus de bon foin, et alors on la rompt avant l'hiver et on y sème de l'avoine au printemps, ce qui fait rentrer cette terre dans l'assolement. Puis un autre sol pourra prendre sa place et tous les ans de même ; cela étant bien entendu, vous avez toujours un sol à peu près complet de luzerne tant jeune que vieille ; en mettant dans la semence un peu de sainfoin, celui-ci paraît les premières années et la luzerne reste pure au bout de 3 ans. Cette sole, qui forme la cinquième dans l'assolement quatriennal et la sixième dans l'assolement quinquennal, lorsqu'elle a été bien entretenue par de bons hersages, de bons amendements, donne de très-bonnes et belles récoltes pendant longtemps, si on ne les surcharge pas trop, c'est-à-dire si on les alterne bien ; il ne faut donc jamais, autant que possible, faire suivre deux céréales.

D. *Comment appelle-t-on le retour d'un assolement ?*

R. On l'appelle *rotation*, mot qui signifie *retour* sur le même champ ou sur la même sole ; par exemple, si l'assolement est de quatre ans et que l'on reprenne le même assolement, on commence une deuxième *rotation* ou un deuxième *assolement*.

D. *Qu'appelle-t-on changer un domaine?*

R. On appelle cela *dessoler*, c'est-à-dire remplacer un assolement quelconque donné par un assolement plus long ou plus court. C'est pour cela qu'un fermier sortant doit presque toujours, à la fin de son bail, changer son assolement s'il est de plus de 3 ans, car, dans les baux, il est ainsi compris, c'est-à-dire que les 3 dernières années restent telles qu'il les a prises. (Assolement triennal : jachères, blé et avoine). Le fermier qui prendra ces terres les labourera, fumera et ensemencera en saisons convenables, sans pouvoir les dessoler ni dessaisonner que les années suivantes s'il a un long bail et permission de culture.

D. *Est-il nécessaire de varier les récoltes ?*

R. Oui, c'est nécessaire, car toutes les plantes appartenant à l'agriculture épuisent la terre plus ou moins ; mais toutes n'y puisent pas les mêmes sucs nutritifs, donc il faut varier les récoltes si l'on veut que les terres arables conservent leur puissance et leur richesse. Les plantes huileuses par exemple entrent pour parties dans les assolements, lorsque l'on trouve convenablement à en faire la vente, telles que colza, navette, etc. Leur culture ne demande que de la propreté dans une terre bien cultivée et bien alternée.

D. *Qu'entend-on par varier les récoltes ?*

R. On entend par là ne jamais faire suivre deux années de suite les mêmes plantes, telles que deux céréales, blé et ensuite avoine ou orge, ou deux légumineuses de suite pois, vesce, etc. Mais les sainfoins peuvent, aussi bien que les trèfles, rester deux années s'ils sont bons; et alors dans l'assolement, quand ces prairies restent deux ans, cela forme l'assolement d'une année de plus pour une partie. Cela améliore la terre, vu les détritus qu'ils laissent après eux.

D. *Comment appelle-t-on cet assolement consistant à varier les plantes ?*

R. On l'appelle assolement *alterne*. Il est très-ancien ; on a dit longtemps que l'*alternat* venait de l'agriculture allemande ou de l'agriculture anglaise ; mais non, le système est né sous l'influence des écrits des hommes qui ont illustré l'agriculture romaine.

Virgile en a fourni la preuve dans ses livres.

Anciennement, on n'avait que l'assolement biennal : jachère, blé. Après sont venus l'assolement triennal : jachère, blé, avoine ; et enfin l'assolement *alterne* que l'on préfère aujourd'hui. Nous en avons parlé plus haut.

Nous allons passer succinctement en revue la classification des plantes d'après la durée de leur existence.

D. *Comment les divise-t-on ?*

R. On les divise en plantes *annuelles, bisannuelles* et plantes *vivaces.*

D. *Qu'appelle-t-on plantes annuelles ?*

R. On appelle plantes *annuelles* celles dont l'existence ne dure qu'une période de temps, du printemps à l'automne, telles que les grains de mars :

L'avoine.
L'orge.
Les vesces de printemps.
La betterave,
La carotte,
Les pois, les pommes de terre.

D. *Qu'appelle-t-on plantes bisannuelles ?*

R. Les plantes *bisannuelles* sont celles qui vivent deux années, qui sont levées en hiver pour repartir au printemps ; elles vivent donc plus longtemps que les plantes annuelles.

Exemples : L'avoine d'hiver.

Le blé d'hiver.
Le colza d'hiver.
L'escourgeon ou orge d'hiver.
Le seigle d'automne ou d'hiver.
Le trèfle incarnat, etc.

D. *Qu'appelle-t-on plantes vivaces ?*

R. On appelle plantes *vivaces* celles qui vivent plusieurs années après être coupées et qui repoussent tous les ans. En voici quelques-unes :

La luzerne.
Le sainfoin.
Le trèfle violet.
La pimprenelle.
Le raigrass, etc., etc.

D. *Ces plantes annuelles, bisannuelles et vivaces sont-elles aussi rustiques les unes que les autres ?*

R. Non, les plantes vivaces sont généralement plus robustes et beaucoup plus rustiques que les plantes qui terminent leur existence dans l'année où elles ont été semées.

Les plantes bisannuelles sont intermédiaires sous tous les rapports, entre les unes et les autres.

Toutes ces plantes dont nous venons de parler sont à racines traçantes ou à racines pivotantes.

D. *Qu'entendez-vous par racines traçantes ?*

R. On entend par racines *traçantes* ou *fibreuses* celles qui tracent sur le sol, sans que leurs racines entrent beaucoup en terre.

Je citerai celles :

Du blé.	Des vesces.
De l'avoine.	Du sarrasin.
Du maïs.	Du trèfle incarnat.
Des haricots.	Du topinambour.
Des lentilles.	Du seigle.
Du lin.	Des pommes de terre.
Des pois.	Des orges, etc., etc.

Ces plantes demandent des sols moins profonds, mais elles exigent des terres d'autant plus fertiles et surtout assez fraîches pour que leurs racines s'enfoncent moins profondément dans la couche *arable*.

D. *Qu'entend-on par racines pivotantes ?*

R. On entend par racines *pivotantes* celles dont les racines s'enfoncent plus profondément dans le sol et le *sous-sol*, pour y puiser leur nourriture et de la fraîcheur.

Exemples : Les ajoncs.   Les betteraves.
          Les carottes..   Les luzernes.
          Le sainfoin.   Le pavot.
          Le trèfle violet. Le navet, etc., etc.

Ces plantes à racines *pivotantes* résistent mieux aux grandes sécheresses, parce qu'on les cultive sur des terres profondes (depuis 0^m20 jusqu'à 40 et même 50 c.), où elles vont chercher, dans le sous-sol, l'humidité et la nourriture dont elles ont besoin. Ces plantes aiment les fortes fumures et les labours profonds.

Les plantes se classent aussi selon les régions dans lesquelles elles réussissent le mieux.

D. *Qu'entendez-vous par régions de plantes ?*

R. Nous entendons que toutes les plantes agricoles ne peuvent pas être cultivées sous les mêmes climats surtout dans
les mêmes points de la France.

Ainsi la garance,   se conviennent mieux dans le
  Le maïs.   midi de la France, car il leur
  Le pastel.   faut une grande chaleur pour les
  Le pois cliche.   amener à parfaite maturité.
  Le sorgho sucré.

D. *Et dans la région du centre de la France que
deviennent-elles?*

R. Dans la région du nord, celles du midi auraient du
mal à vivre et ne viendraient pas à maturité; mais celles qui
lui conviennent y arrivent bien.

Exemples : la betterave.   La pomme de terre.
          L'avoine.   Le safran.
          Le chou.   Le sainfoin.
          Le colza.   Les trèfles violets.
          Le froment.   Le seigle.
          La luzerne.   Le trèfle incarnat, etc.

D. *D'autres plantes sont-elles communes dans les régions
du midi et du nord?*

R. Ce sont les carottes, les blés, les avoines, les fèves
ou haricots, les lentilles, les luzernes, les sainfoins, les trèfles,
les orges, etc., etc. Ces plantes bien cultivées mûrissent bien
partout, mais aussi il y a bien des années où certaines
espèces ne peuvent supporter les gelées tardives: on est
alors obligé de *rensemencer*.

D. *Que signifie rensemencer ?*

R. Rensemencer, c'est labourer les grains attaqués par les
gelées et les remplacer par des grains de mars ; les grains

d'automne peuvent ne pas être labourés. Il y a des années où l'on réussit. Ceci est *affaire d'idée.*

D. *Y a-t-il encore d'autres classements dans les plantes ?*

R. Oui, nous allons les classer selon les terrains qu'elles demandent, et selon leurs facultés *épuisantes* et *améliorantes.*

Les unes se conviennent sur des terrains argileux.

Les autres sur des terres légères, sablonneuses.

Et d'autres ne végètent convenablement que sur les sols riches.

Puis encore d'autres, sur des sols calcaires ou crayeux, etc.

D. *Qu'entendez-vous par facultés épuisantes ?*

R. Nous entendons que ce sont les plantes qui demandent au sol beaucoup de sucs nourriciers, et qui ne leur en rendent point naturellement.

Telles sont toutes les céréales, les racines, etc.

D. *Qu'entendez-vous par plantes améliorantes ?*

R. Nous entendons celles qui puisent très-avant dans le sol, et qui, par leurs feuilles qui tombent et se réduisent en détritus sur le sol, l'améliorent.

Telles sont les prairies artificielles (luzerne, sainfoin, trèfle, pois, vesce, etc., etc.)

D. *Les plantes contiennent-elles toutes les mêmes substances ?*

R. Non, les unes contiennent de la *potasse,* les autres de la *soude,* d'autres de la *chaux,* de la *silice,* des *acides,* de *l'azote,* etc.,

PLANTES CLASSÉES SELON LEUR MODE DE VÉGÉTATION

D. *Qu'entend-on par mode de végétation ?*

R. 1° On entend l'usage des plantes nettoyantes.

    2°   —   étouffantes.

    3°   —   salissantes.

    4° et les plantes intercalaires ou dérobées.

Ce qui nous donne 4 classes différentes.

D. *Qu'entend-on par plantes nettoyantes, et nommez-en une partie ?*

R. 1° Les plantes nettoyantes comprennent :

La betterave. La carotte. Le chou. Le colza. Les haricots. Les pommes de terre, etc.	Ces plantes exigent pendant leur végétation, des binages, des sarclages, qui ameublissent la surface du sol, et détruisent les plantes nuisibles ; c'est pourquoi on les appelle plantes sarclées, et qu'on les a proposées pour utiliser les jachères.

D. *Qu'entend-on par plantes étouffantes, et nommez-en ?*

R. 2° Les plantes étouffantes comprennent :

Le chanvre, Le colza fourrage. Carotte. Moutarde. Pois. Sarrasin à fourrage. Seigle fourrage. Vesce. Trèfle incarnat, etc.	On entend que ces diverses plantes que l'on sème toujours pressées, c'est-à-dire dans une forte proportion, interceptent l'air et la lumière, étouffent les plantes nuisibles qui végètent en même temps qu'elles. On les coupe toujours en fleurs. Par conséquent, les autres n'ont pu mûrir ; celles qui étaient levées et qui ne sont pas enlevées par un labour, sont toutes détruites.

D. *Qu'entend-on par plantes salissantes, et quelles sont-elles ?*

R. 3° Les plantes salissantes sont :

L'avoine. Le blé. L'orge. Le seigle.	Ces plantes favorisent le développement et la multiplication des mauvaises herbes, parce qu'elles ne sont ni binées, ni sarclées.

Elles mûrissent leur graine avant ou au moment de les récolter. C'est ce qui salit les terres encore plus lorsqu'on redouble deux céréales de suite (blé, avoine) car il se trouve la deuxième année le double de graines de plantes nuisibles.

C'est ce qui fait aujourd'hui adopter l'assolement alterne, afin
que les plantes de la même nature ne se succèdent pas sur la
même terre.

4° Les plantes intercalaires ou plantes dérobées.

D. *Qu'entend-on par ces plantes, et quelles sont-elles ?*

R. Ce sont : la moutarde.
Les navets.
Le sarrazin.
Le seigle.
Le spergule.
Le trèfle inc., etc.

Ces végétaux sont appelés intercalaires parce que la rapidité avec laquelle ils se développent permet souvent de les introduire dans un assolement sans changer l'ordre de la succession des récoltes.

PLANTES CLASSÉES SELON LA DESTINATION DE LEURS PRODUITS

1re classe. Les plantes *fourragères*.
2e classe. Les plantes *alimentaires*.
3e classe. Les plantes *industrielles*.

D. *Quelles sont les plantes fourragères ?*

R. 1° Les plantes fourragères sont : (Ces plantes sont à
racines et à tubercules).

Les betteraves.	Les navets.	Les rutabagas.
Les carottes.	Les panais.	Les topinambours.
Les choux raves.	Les pommes de terre.	etc.

2° Plantes cultivées pour leur tige et leurs feuilles :

Ajonc.	Jarasse.	Moutarde blanche.
Avoine.	Lupuline.	Navette.
Choux.	Luzerne.	Pois gras.
Chicorée sauvage.	Maïs.	Raigrass.
Escourgeon.	Sarrasin.	Sainfoin.
Fromental.	Moka de Hongrie.	Trèfle.
		Vesce, etc.

D. 2e classe. *Quelles sont les plantes alimentaires.*

R. Plantes *alimentaires* : avoine, maïs, sarrasin, froment,
orge, seigle.

D. *Quelles sont les plantes légumineuses ?*

R. Ce sont : haricots, lentilles, pois.

D. 3° classe. *Quelles sont les plantes industrielles ?*

R. Elles comprennent : cameline, pavot, colza, navette.
Plantes *textiles*. Chanvre, lin.,
Plantes *narcotiques*. Tabac.
Plantes *tinctoriales*. Garance, pastel, gaude, safran.
Plantes *diverses*. Cardère, chicorée sauvage, etc.

DEUXIÈME PARTIE

DES PRAIRIES ARTIFICIELLES ET DES PRAIRIES NATURELLES

DES PRAIRIES NATURELLES

D. *Qu'entend-on par prairies naturelles ?*

R. Les prairies naturelles sont celles qui doivent leur existence à la nature. Il y en a de deux sortes :

1° Les prairies des bas-fonds qui, en bon terrain, sont encore protégées par la nature, car lorsque les rivières débordent, elles y laissent du limon, et en sus, elles peuvent être *irriguées*.

D. *Que signifie irriguer ?*

R. Cela signifie qu'il faut faire passer l'eau par des rigoles d'écoulement à travers les prés, jusqu'à ce que les rigoles débordent et les arrosent assez pour les entretenir frais. Avec la chaleur qu'ils reçoivent du soleil, ils poussent vigoureusement en proportion encore de la bonté du sol ou du sous-sol, et des essences dont le pré a été formé. Pour leur donner plus d'activité, on dépose des fumiers consommés ou des amendements de toute nature.

D. *Qu'appelle-t-on prés hauts ?*

R. 2° On appelle prés hauts ceux qui ne peuvent être irrigués. On ne peut que les herser, les amender et les rouler pour tenir la terre plus fraîche. Mais ils sont rarement aussi bons en rendement que les autres irrigués ; en revanche, ils sont souvent de meilleure qualité et plus nourrissants. Aussi, ils rendent bien moins de bottes à l'hectare.

D. *Combien un bon pré peut-il donner de bottes à l'hectare (bottes de 5 kil.)?*

R. Un bon pré peut rendre 1.000 bottes de 5 kil. à l'hectare ou 5.000 kil. Un bon pré haut peut rendre 600 bottes de 5 kil. à l'hect. ou 3.000 kil. pour la première coupe ; la deuxième, moitié moins ; la troisième, presque pas, à moins que ce ne soit dans les prés de la contrée d'Orange où ils rendent une et même deux fois plus, et à toutes les coupes le foin est parfait et rend presque autant à la première coupe qu'à la dernière. Cette contrée est exceptionnelle.

D. *Quelles sont les herbes et plantes fourragères de choix qui doivent faire partie d'une bonne prairie naturelle ?*

R. Il y en a de bien des sortes ; il faut les classer et les choisir selon la nature des terrains.

D. *Nommez celles qui conviennent aux terrains argilo-siliceux, qui peuvent vivre et venir à coupe sans irrigation, mais moyennant amendements.*

R. Ce sont :

Le trèfle blanc.	Le vulpin des champs.
Le lotier corniculé.	Le dactyle pelotonné.
La grande pimprenelle.	Le brome des prés.
L'agrostis commun.	La houlque laiteuse.
Le paturin des bois.	La phlouve odorante.
Le paturin commun.	Le fromental, etc., etc.

D. *Nommez celles que l'on peut ajouter dans les mêmes terrains mais irrigués.*

R. On peut y ajouter comme aimant beaucoup la fraîcheur :

La vesce des haies.

Le raigrass anglais.

La fétuque élevée.

L'avoine des prés.

Le vulpin des prés.

La fléole des prés.

Le lotier odorant, etc.

D. *Nommez celles qui conviennent aux terrains calcaires non irrigués.*

R. Le trèfle blanc.

La lupuline ou minette.

Le sainfoin à deux coupes.

La vesce des haies.

Le lotier corniculé.

Le brome des prés.

Le paturin commun.

L'avoine jaunâtre.

La phlouve odorante.

Le dactyle pelotonné, etc.

D. *Nommez celles qui conviennent dans les terrains calcaires irrigués.*

R. On peut y en ajouter une grande quantité:

Lotier velu.

Tous les agrostis.

Paturin des prés.

Fétuque des blés.

Fétuque flottante.

Vulpin des prés.

D. *Nommez les plantes fourragères qui conviennent dans les terrains argileux, frais et humides et quelquefois irrigués.*

R. Trèfle blanc.

Trèfle commun.

Vesce des haies.

Raigrass anglais.

Gesse des prés.

Agrostis variés.

Lotier velu.

Dactyle pelotonné.

Grande pimprenelle.

Raigrass d'Italie.

Raigrass anglais.

Paturin des prés.

Fétuque des prés.

Fétuque élevée.

Fléole des prés.

Paturin aquatique.

Fétuque flottante.

Pléole des prés.

Avoine des prés.

Phlouve odorante.

Houlque laineuse.

Lotier corniculé, etc.

D. *Dans les terres franches, terres composées d'argile, de silice, de calcaire, d'humus ou terreau. quelles sont les plantes qui se conviennent le mieux?*

R. Dans ces terres vous pouvez choisir celles qui pourra vous convenir parmi celles indiquées plus haut.

D. *Et dans les terrains marécageux ?*

R. Toutes les plantes aquatiques, telles que :

Le paturin aquatique.	Fétuque flottante.
La luzerne tachée.	Fléole des prés.
Gesse des prés.	Vulpin des prés.
Gesse des marais.	Phalaris roseau.
Raigrass d'Italie.	Lotier velu, etc.

D. *Avec toutes ces plantes peut-on composer un bon pré ?*

R. Avec toutes ces plantes on peut composer un bon pré, suivant le terrain. Mais en tout terrain, il ne faut semer que lorsqu'il aura été bien labouré, hersé, et que toutes les mauvaises herbes en seront extirpées. Puis vous semez, hersez et roulez, soit que vous semiez après jachère franche, soit dans de l'avoine, de l'orge ou du sarrasin. Il faut en tout une terre meuble, propre et bien roulée. Si elles poussent bien il leur faudra des amendements, soit avec des engrais de commerce, soit avec des cendres, des charrées, etc. Il faut bien étendre les taupinières et extraire les mauvaises herbes à mesure qu'elles pousseront de nouveau, soit à la main, soit à la herse, car, sans ses soins, vos prairies naturelles deviendraient des gazons mousseux et seraient de mauvaise qualité.

DES PRAIRIES ARTIFICIELLES

R. *Qu'entend-on par prairies artificielles ?*

R. Nous entendons par prairies artificielles, toutes les plantes vivaces qui produisent de l'herbe propre à remplacer les plantes dont nous venons de parler, les plantes des prairies naturelles qui à elles seules anciennement alimentaient les bestiaux, soit au pré, soit à l'étable.

D. *Pourquoi ces plantes peuvent-elles en partie remplacer les prairies naturelles ?*

R. C'est que tous les soins nécessaires n'ont pas été donnés aux prairies naturelles, et que l'agriculture progressive, améliorante et pratique, a établi les prairies artificielles dans ses assolements, (les prairies naturelles ne pourraient les remplacer), où la *luzerne* peut tenir seule une période de plusieurs années sans nuire ni à la terre ni au fumier. Aujourd'hui, les prairies artificielles font concurrence aux bonnes prairies naturelles ; lorsqu'elles sont évidemment rentrées, bien fanées et en bonne condition de sécheresse.

D. *Ont-elles d'autres avantages ?*

R. Oui. De plus, lorsque les prairies artificielles sont bien plantées, elles soulagent énormément les terres qui les font vivre :

1° Par le repos, elles remplacent la jachère morte ;

2° Elles remplacent au même prix rénumérateur les plantes que le sol aurait pu produire en céréales ou en légumineuses ;

3° Parce qu'elles vivent beaucoup par absorption, et forment un détritus de leurs feuilles tombantes, qui améliore le terrain. C'est pourquoi certains auteurs les ont appelées plantes améliorantes ;

4° Loin d'épuiser la surface du sol qui les contient et qui les nourrit en partie, elles vont chercher un complément de nourriture, pour leur accroissement prodigieux, dans des sous-sols plus profonds ; et, lorsqu'elles trouvent des couches sous-jacentes pour leur besoin, elles y puisent encore, et peuvent vivre très-longtemps (surtout la luzerne) ;

5° Ces plantes se cultivent aujourd'hui dans tous les pays où il n'y a pas de prairies naturelles suffisantes pour nourrir les bestiaux, en tout temps et en toute saison, excepté en hiver. Cette nourriture des bestiaux deviendra engrais.

D. *D'après tous ces avantages, comment les considère-t-on en agriculture ?*

R. Les prairies artificielles sont regardées comme la source intarissable du vrai fermier améliorateur, lorsqu'il sait bien les cultiver, les entretenir propres et bien amendées. Nous allons les nommer et faire connaître leurs propriétés principales.

D. *Nommez-les ?*

R. 1° Le trèfle incarnat ou trèfle farouche. (Il y en a de deux sortes du hâtif et du tardif) ;

2° Le trèfle commun ou trèfle violet. (Il y en a de plusieurs sortes, mais nous ne nous occuperons que du commun, vu qu'il est bien supérieur aux autres *variétés*) ;

3° La minette dorée ;

4° Le sainfoin ou esparcette : deux variétés (une à une coupe et une à deux coupes) ;

5° La luzerne. (Il y en a bien d'autres qui sont très-utiles, mais elles ne viennent qu'en deuxième ligne).

D. *Qu'est-ce que le trèfle incarnat ou trèfle farouche hâtif ?*

R. C'est une plante qui se cultive aujourd'hui comme fourrage vert presque par toute la France ; il est connu depuis fort longtemps, mais il n'était pas alors culivé partout comme aujourd'hui, où il remplace en partie la jachère morte dans l'assolement triennal.

D. *Quelles sont les propriétés du hâtif ?*

R. La propriété précieuse de ce fourrage est de pouvoir être coupé au printemps quinze jours et même trois semaines avant le trèfle de printemps (trèfle commun) et même avant la première luzerne.

D. *Quelles sont les propriétés du tardif ?*

R. Lorsque le premier hâtif devient dur, que sa graine est formée, qu'il est trop avancé pour être mangé en vert, le tardif prend sa place et dure encore quinze jours ou trois semaines de plus. Les deux sortes qu'on a partout aujourd'hui, procurent donc pour six semaines de parfaite nourriture aux bestiaux, car tous le mangent en vert, avec avidité ; il est d'ailleurs très-sain et très-nourrissant ; avec lui on n'a pas à craindre la météorisation (enflure) chez le mouton ou la vache, comme il arrive avec le trèfle commun ou la luzerne, trop tendre ou trop verte.

D. *Quelle différence y a-t-il dans leurs graines ?*

R. La graine du hâtif et celle du tardif sont absolument les mêmes : il faut donc l'acheter de confiance pour la semence, les grainetiers eux-mêmes s'y trompent souvent.

D. *Combien ces trèfles donnent-ils de coupes en vert ?*

R. Ces deux variétés qui sont absolument les mêmes ne donnent qu'une coupe et ne repoussent plus que quelque peu dans les bonnes terres. Dès qu'il est fauché, il est bon de retourner le terrain de suite, car le peu qu'il repousse épuiserait beaucoup le sol.

D. *N'a-t-il pas d'inconvénients pour certains bestiaux lorsqu'il est un peu avancé ?*

R. Si, il y en a un très-grand pour les chevaux qui le mangent en grande quantité. Il faut, dès que la graine commence à se former, le retrancher aux chevaux, car la graine se gonfle dans leur estomac et occasionne la mort. Il faut donc retirer les excréments avec la main ; c'est là une précaution qu'il ne faut pas oublier, car on en subirait les conséquences très-fâcheuses.

D. *Comment sème-t-on ces trèfles farouches ou incarnats ?*

R. On les sème après la récolte d'une céréale quelconque, aussitôt que la récolte est enlevée, si cela est possible (c'est toujours là le plus difficile). Il ne faut pas labourer la terre où on veut le semer, à moins que ce ne soit une terre très-forte que l'on ne pourrait herser. On le sème donc sur le chaume, on le herse, on le roule, car il aime à être bien tassé, il supporte assez bien les gelées lorsqu'il a été fait de bonne heure. On met de 20 à 22 kilos de graine par hectare. On l'associe quelquefois à des seigles et à la vesce d'hiver semés clair afin qu'ils ne l'étouffent pas. Lorsqu'on réussit, on obtient de très-bon fourrage vert et sec.

D. *Comment fait-on pour récolter la graine ?*

R. Pour le récolter à graines, il faut le faucher de bonne heure, car sa graine tombe très-facilement, et prendre bien des précautions pour le rentrer. Il ne veut pas être mouillé, et, lorsqu'il fait trop sec, toute la graine se perd. Il faut donc le prendre le matin, au sortir de la rosée, ou le soir, avant la rosée.

Dans de bonnes années, il peut rendre 4 à 5 et même 6 hectolitres à l'hectare en terre bien ordinaire ; d'ailleurs, il se convient bien dans les terres légères. C'est pourquoi, aujourd'hui, dans les pays bien cultivés, on n'oublie jamais de faire du hâtif et du tardif. On préfère semer de la nouvelle graine ; cependant il garde sa faculté germinative deux années, lorsqu'il a été bien récolté et bien conservé.

Trèfle commun ou trèfle violet

Il y en a plusieurs variétés; nous ne parlerons que du trèfle violet, le préféré.

D. *Qu'est-ce que le trèfle commun ou trèfle violet ?*

R. C'est une très-bonne prairie artificielle, facile à cultiver. On le sème dans une céréale de mars ou dans du sarrasin ; il vient presque dans tous les terrains. Mais il préfère les terres un peu blanchettes, franches, qui ont été bien cultivées. On le sème avec 15 à 16 kilos de graine à l'hectare ; en vert, il est préférable pour les bestiaux ; il donne ordinairement deux bonnes coupes de 4 à 500 bottes de 5 kilos par hectare, et souvent, la troisième forme encore un bon paturage. Si on veut le récolter à graine, il faut le faire couper ou manger de bonne heure, et la deuxième coupe donne de bonne graine. Cette plante vit deux ou trois ans, mais on la retourne le plus souvent la deuxième année après les deux récoltes fanées.

D. *Quelles sont ses propriétés ?*

R. S'il est enterré à la deuxième coupe, lorsqu'il veut commencer à fleurir, il fait un très-bon effet et tient lieu d'un bon engrais végétal lequel convient tout à fait au blé qui le remplace. Il est de première nécessité, dans toutes les cultures à assolement triennal ou alterne, car c'est réellement une plante améliorante qui vit beaucoup par absorption et laisse un détritus favorable aux céréales qui lui succèdent.

D. *Combien ce trèfle peut-il donner de coupes par année?*

R. Ce trèfle peut donner trois coupes par année, deux bonnes et un paturage. Il est très-difficile à faner dans les années humides ; il demande beaucoup de précaution. On l'associe avec le sainfoin et la luzerne, la minette ; le foin en est bien meilleur. Quant à la récolte pour graine, qui dans certaines années est très-productive, le battage en est difficile ; il peut rendre de quatre à cinq hectolitres à l'hectare de belle graine violette qui se garde très-longtemps et peut lever au bout de cinq à six ans lorsqu'elle est bien conservée.

MINETTE DORÉE

D. *Qu'appelle-t-on minette dorée?*

R. C'est une espèce de trèfle qui a une fleur jaune comme de l'or, les feuilles très-petites ; elle est rampante ; aussi la mélange-t-on souvent avec les autres plantes artificielles qui la soutiennent et autour desquelles elle s'enlace.

D. *Quelles sont ses propriétés ?*

R. C'est un des meilleurs fourrages, recherché de tous les animaux et très-sain. La minette ne donne qu'une coupe, mais elle repousse comme pâturage ; sa graine est à tous les nœuds. Aussi, lorsqu'on la cultive seule pour graine, elle rend assez, mais il en tombe beaucoup en la fauchant, vu qu'elle se mêle et le faucheur la déchire. Elle peut rendre de 7 à 8 hectolitres à l'hectare. Sa graine se conserve très-bien et lève au bout de trois à quatre ans aussi bien que la première année, pourvu qu'elle ait été bien conservée.

D. *Combien donne-t-elle de coupes ?*

R. En fourrage elle ne peut rendre qu'une coupe de 300 à 400 bottes de 5 kilos à l'hectare.

Sainfoin, esparcette ou bourgogne

Il y a deux espèces de sainfoin, celui qui ne donne qu'une coupe et le sainfoin double ou à deux coupes.

D. *Qu'appelle-t-on sainfoin ou esparcette à une coupe?*

C'est la prairie artificielle par excellence. Son foin est regardé, lorsqu'il est bien fané et bien rentré, comme le meilleur pour les animaux, qui, en effet, le préfèrent à tout autre. Il a une très-bonne odeur et est très-nourrissant, il se plaît particulièrement sur les terres calcaires où il donne de très-bons produits.

D. *Comment distingue-t-on le sainfoin à une coupe du sainfoin à deux coupes ?*

R. On reconnaît le sainfoin à une coupe à son tuyau plein; le sainfoin à deux coupes a le tuyau plus gros et vide. La graine est absolument la même lorsque le sainfoin est bien récolté. A la première coupe on ne peut reconnaître de différence entre les graines, mais lorsque le sainfoin à deux coupes a été récolté, à la deuxième coupe, sa graine est plus petite et plus ronde. Cependant celui qui en a à acheter doit s'assurer des gens convenables et de bonne foi, car il y a peu de différence dans la graine, et il y a toute différence dans les bonnes terres pour le produit, le sainfoin à une coupe ne donnant jamais qu'un petit regain bon à enterrer ou à faire pâturer, et le sainfoin à deux coupes en donnant une seconde encore bonne soit pour fourrage, soit pour graine. Lorsqu'on ne le récolte pas trop mûr, la graine en étant secouée, il fait encore d'assez bon foin pour les chevaux, mais il est trop dur pour les vaches et les moutons.

D. *Comment se sème le sainfoin et quelles sont ses propriétés?*

Dans une grande partie de la Beauce, on sème le sainfoin, soit à une coupe soit à deux coupes, dans les céréales de mars, dans bien d'autres contrées on le sème dans du sarrasin ou à franc guéret, sur la jachère, surtout dans les terres fortes où la terre n'est pas assez meuble lorsqu'elle n'a pas été labourée et hersée.

On le sème seul avec un hectolitre et demi par hectare, lorsqu'on le veut avoir pur ; mélangé avec six kilos de trèfle violet ou de minette, on ne met qu'un hectolitre à l'hectare. Ce mélange est excellent pour tous les animaux. On le mélange aussi avec la luzerne : un demi-hectolitre à l'hectare suffit.

Le sainfoin peut rendre autant que le trèfle violet, 500 bottes de 5 kilos par hectare et par coupe.

Il garnit, pendant les premières années, la luzernière ; ensuite, il meurt et la luzerne prend sa place, car elle finit par l'étouffer et rester seule pendant de longues années.

LUZERNE

D. *Qu'est-ce que la luzerne ?*

R. Cette plante, qui est originaire des climats chauds, résiste mieux que les autres prairies artificielles à la sécheresse. Elle n'aime pas une terre trop argileuse, mais un peu sablonneuse ; elle se plaît surtout après un bon défoncement, par exemple après une vieille vigne dégatée. Aujourd'hui, si on la cultive partout où elle se convient, elle peut durer 12, 15, même 18 années, et donne toujours de bons produits, si elle est bien entretenue par des hersages énergiques et des amendements ; elle ne dure, dans les terrains ordinaires, que 4, 5 et 6 ans au plus et avec beaucoup de soin sous tous les rapports (amendements et hersages). Après cela on la dégate et elle reprend son rang dans les assolements. Elle donne ordinairement trois coupes, dont deux bonnes et un pâturage ; on récolte la graine à la deuxième coupe dans les terres ordinaires et à la troisième dans les bonnes terres où elle se convient le mieux. Elle peut rendre trois coupes de 5 à 600 bottes de 5 kilos par hectare et 2 dans les terres inférieures.

D. *Comment se sème la luzerne, quelles sont ses propriétés?*

R. On sème la luzerne comme les autres prairies dans les grains de mars, le sarrazin, à raison de 15 à 16 kilos par hectare lorsqu'on la sème seule, et de 10 à 12 kilos à l'hectare si on la mélange de trèfle, de minette ou de sainfoin. Les premières années, ces mélanges donnent de bonnes coupes, car la luzerne ne donne réellement en plein que la troisième année ; alors les autres plantes se trouvent étouffées par elle, qui prend seule la place pour y vivre quelquefois très-longtemps.

Observation. — Toutes ces prairies artificielles aiment les amendements tels que, plâtre, cendres, charrées, noir animal, poudrette, guano, phospho-guano, engrais liquides, arro-rosages, irrigations, etc., lorsqu'on ne leur en concède que modérément, selon leurs besoins ; l'expérience et la pratique seules l'apprennent.

D. *N'y a-t-il pas d'autres plantes qui peuvent servir de fourrages en dehors des prairies naturelles et des prairies artificielles ?*

R. Si, nous avons les plantes sarclées, qui peuvent seconder avec fruit l'agriculteur.
1° La pomme de terre ;
2° La betterave ;
3° La carotte ;
4° Les turneps, les navets, etc.
Ces racines bien récoltées sont très-bonnes pendant l'hiver pour les bestiaux.

D. *Y en a-t-il encore d'autres ?*

R. Oui, nous avons les légumineuses ou les plantes à silice.

D. *Quelles sont-elles ?*

R. 1° La vesce d'hiver et de prin-temps.
2° Les pois, idem. } Bons en sec et en vert.

3° Le sarrasin ;
4° La moutarde ;
5° Le colza ;
6° Le maïs, etc.

} Ne sont bons qu'en vert.

D. *Qu'est-ce que la pomme de terre ?*

R. C'est une plante tuberculeuse qui se fait place sur nos tables. Remarquable par ses variétés, elle peut, dans certaines années, remplacer les fourrages manquant.

La culture en est facile, elle aime beaucoup les terres neuves, les défoncements bien ameublis. En grande culture on les place toujours avec la betterave et la carotte, à la tête de l'assolement, vu qu'elles aiment toutes beaucoup le fumier et les sarclages. Toutes les mauvaises herbes qui naissent dans ces plantes se trouvent détruites par les binages successifs qu'on doit leur donner.

D. *Quelles sont les propriétés de la pomme de terre en agriculture ?*

R. Les vaches et les moutons la mangent cuite ou crue ; cuite pour faire de la graisse et crue pour le lait ; mais souvent celui-ci est aqueux, et cuite en petite ration, le lait et la viande sont meilleurs.

On les sème sous-raie ou à mi-raie (selon la profondeur du labour), dans les premiers d'avril pour les hâtives, et les tardives ou pomme de terre de chardon, dans le mois de mai et les premiers de juin. La récolte des premières se fait vers la fin de septembre et celles des tardives dans les derniers jours d'octobre et même plus tard. Une céréale d'automne peut remplacer les premières et les tardives, et encore une céréale de mars y vient beaucoup mieux.

Cette plante, cultivée en grand pour les fécules, est d'un grand produit ; sa culture près ces établissements est très-bien connue.

BETTERAVES

D. *Qu'est-ce que la betterave ?*

R. C'est une plante à racine de plusieurs espèces. Les unes

sortent entièrement de terre : on les appelle betteraves déesses ou à cornes de bœuf. Les autres variétés sont plus sucrées, mais plus difficiles à arracher. La betterave à sucre est très-petite et très-enracinée ; on ne la cultive en grand que pour la fabrication du sucre ou des eaux-de-vie.

D. *Quelles sont les propriétés de la betterave ?*

R. La betterave forme une excellente nourriture pour les moutons et les bêtes à cornes ; cuite, elle favorise la graisse. Aujourd'hui on coupe la betterave très-fine et on la mélange avec des pailles menues ; après avoir fermenté pendant vingt-quatre heures, elle se trouve cuite avec la paille qui a absorbé l'eau; étant ainsi servie aux animaux pour un tiers et même moitié de leur nourriture, ils s'en trouvent très-bien.

D. *A quelle époque se sème la betterave ?*

R. On la sème lorsque l'on n'a plus de gelées à craindre, c'est-à-dire vers la fin de mars ou dans les premiers d'avril.

D. *Quelle est sa culture ?*

R. Sa culture est la même que celle de la pomme de terre mais avec beaucoup plus de soins pour les binages et des amendements. On la sème sur une jachère bien fumée. Ensuite on y sème une céréale de mars. On se sert des feuilles pour la nourriture des vaches. Cette méthode nuit beaucoup à la betterave qui est susceptible de geler bien plus vite lorsqu'elle n'a plus ses feuilles; puis ces feuilles ne font que rafraîchir les vaches qu'elles ne nourrissent nullement ; elles ne contiennent presque rien que de l'eau.

CAROTTE

D. *Qu'est-ce que la carotte ?*

R. C'est une plante à racine pivotante qui convient à tous les bestiaux. Elle donne beaucoup de lait aux vaches et aux brebis ; même le lait devient très-fort si on leur en donne trop. Pour les chevaux, c'est une excellente nourriture ;

avec 15 à 20 kilos de carottes par jour, chaque cheval de travail peut épargner un bon tiers d'avoine ; elles leur rendent le poil très-fin et très-luisant.

D. *Quand sème-t-on la carotte ?*

R. On sème la carotte à la fin de mars ou dans les premiers d'avril, sur un sol bien fumé (fumier consommé) pour qu'il ait moins de mauvaises herbes, car cette plante est très-difficile à biner, surtout la première fois. Autant que possible il faut faire les carottes en ligne ; à toutes les deux ou trois raies, il faut de 5 à 6 kilos de graine par hectare.

On les récolte assez tard et lorsqu'on veut en laisser dans les champs pendant l'hiver, on les couvre de fumier de bergerie, puis lorsqu'on veut les faire manger, on les découvre.

D. *Comment opère-t-on dans sa culture ?*

R. On la place ordinairement sur une jachère qui a été bien labourée, profondément fumée et qui a reçu plusieurs labours et hersages, afin que la terre soit bien ameublie. Elle demande une terre profonde et franche. La pomme de terre, la betterave et la carotte tiennent toujours la tête d'un bon assolement *alterne*.

D. *Des navets, appelés turneps en Angleterre.*

R. Ils ne sont guère cultivés en France qu'en petite culture pour les vaches. Le terrain leur convient moins bien qu'en Angleterre où le sol est plus doux. Cependant il y a des contrées où on les cultive pour les bestiaux.

D. *Quelles sont les plantes qui peuvent remplacer les prairies ?*

R. Les autres plantes qui peuvent remplacer les prairies, sont :

1° Les *vesces d'hiver* et de printemps. Ces plantes forment un très-bon fourrage en vert et en sec. Les vesces d'hiver se sèment en septembre dans un peu de seigle qui, plus tard, jouera pour elles, le rôle de soutien. On peut aussi les récolter de bonne heure. Les vesces de printemps se sèment au mois d'avril avec un peu d'avoine.

Ces plantes se conviennent dans tous les terrains bien meubles. Il faut deux hectolitres de semence par hectare.

2° Les *pois d'hiver* et de printemps, bon fourrage en vert, meilleur qu'en sec. Même culture que pour les vesces.

3° Le *sarrasin*, plante qui se convient dans les plus mauvais sols, mais bien meubles, qui donne d'assez bon fourrage en vert. Ordinairement on l'associe avec le maïs et un peu de vesce de printemps.

4° Le *maïs* est une céréale du midi où on le récolte à maturité ; dans le centre de la France, on ne s'en sert que pour fourrage vert. Il est d'ailleurs très-nourrissant.

Culture facile sur la jachère fumée et bien meuble.

5° La *moutarde* ou moutardon, plante à huile, très-bonne pour les vaches. On en sème tous les quinze jours pendant la belle saison, pour en avoir toujours de la fraîche. La moindre gelée la rôtit.

6° Le *colza*, autre plante à huile, très-bon pour fourrage. On le fait de bonne heure, avec les vesces d'hiver, quelquefois on les mélange. Culture facile, avec une terre bien fumée, au printemps il est très-précoce (sa culture en grand est dans les assolements).

Toutes ces plantes venant en aide pour la nourriture des bestiaux, l'on ne doit donc pas les oublier. Le colza entre très-bien comme plante à graines dans un assolement alterne. Après un colza bien cultivé, le blé vient très-bien ; il a un seul inconvénient, c'est de ne pas rendre de bonne paille.

LIVRE IIIᵉ

DES CÉRÉALES

D. *Qu'appelle-t-on céréales ?*

R. Ce sont les plantes à graines farineuses (de la famille des graminées).

Ces plantes farineuses sont :

Les blés, de saison et de mars ;

Les seigles,   —

Les méteils (mélangé de seigle et blé) ;

Les escourgeons ;

Les orges ;

Les moutures (mélange d'orge et de blé mars) ;

Les avoines d'hiver et de printemps ;

Les folles avoines, ou averons ;

Les mêlasses d'avoine et d'orge, par exemple ;

Le sarrasin, ou blé noir.

Voilà les céréales que l'on cultive le plus en France.

D. *Quelle est leur culture ?*

R. La culture des céréales est des plus faciles pour ceux qui ont étudié les terrains et qui ont adopté un assolement alterne et même dans l'assolement triennal, après une jachère morte ou vive, si le sol a été bien cultivé, bien fumé, bien ameubli et débarrassé des mauvaises herbes.

D. *N'y a-t-il pas plusieurs espèces de blés ?*

R. Oui, on en distingue deux espèces ou variétés : blés de saison et blés de mars. On prétend que le blé de mars n'est pas une espèce à part, mais bien une variété acquise par l'acclimatation de plusieurs années de semence en mars.

D. *Y a-t-il d'autres variétés ?*

R. Oui, ces variétés changent avec chaque pays, selon la culture et le climat.

On peut citer :

Le blé de Saumur.

Le blé bleu ou de Noé.

Le blé anglais, rouge et blanc.

Le blé blanc dit blé Poulet.

L'épeautre ou blé barbu ordinaire.

Le blé barbu, bossu ou à la barbe tombante, etc., etc.

De toute ces sortes de blés, on n'en distingue que deux espèces principales :

D. *Quelles sont ces espèces ?*

R. Les blés francs et les blés barbus ou épeautre.

D. *Quelle est l'espèce préférée ?*

On préfère les blés dit blés francs qui font de très-belle et bonne farine, tandis que l'épeautre donne une farine dure et coriace, qui rend plus à son qu'à fleur.

Aussi on ne cultive ce dernier que dans certains pays où on ne peut cultiver le bon, car l'épeautre vient là où le bon blé ne peut pas venir.

Il y a encore plus de cent variétés de bons blés qui changent de noms suivant les pays, selon qu'ils s'y conviennent plus ou moins.

D. *Quelles sont ces variétés ?*

R. Le blé de Saumur a très-bien fait en ce pays, dans les terrains d'alluvion de première qualité. On l'a récolté pendant dix années consécutives dans la même terre sans qu'il dégénère. Au bout de deux ou trois ans dans la Beauce, il faut le changer et en faire revenir d'autre. Il en est de même pour les blés de Noé.

Enfin tous ces blés sont de même espèce, mais ils changent de couleur et de grosseur, acquièrent du poids ou en perdent suivant les terrains. A Châteaudun, les blés rouges fins étaient autrefois en grande réputation, à cause de la finesse du grain et de la bonté de leur paille ; aujourd'hui, les blés à grosse paille sont plus recherchés, quoique la paille soit moins bonne pour les bestiaux, mais le rendement est meilleur, surtout dans la Beauce.

Les blés anglais rouges et blancs sont aussi préférés, en Angleterre, aux gros blés dans les terres franches du côté de Chartres, d'Auneau, de Courville, d'Illiers, etc. Là, on récolte des blés de première qualité de toute espèce, blancs ou rouges. Dans la Normandie, du côté de Saint-André, on y cultive aussi de très-bonnes espèces de blé blanc, jaune, rouge. Les blés, dans tous ces pays ne dégénèrent pas ; ils sont bien cultivés et le terrain peut les conserver ainsi très-longtemps. Aussi, ces pays fournissent beaucoup de semence aux terres plus médiocres où elles changent au bout de deux, trois, quatre, cinq ans, selon la force et la bonté des terres et l'espèce qui leur convient le mieux. Ces faits existent réellement, mais on ne peut jusqu'à présent trouver un vrai remède ; le meilleur, c'est de changer les semences souvent dans les terrains où il dégénère le plus.

Il en est de même des blés de printemps et de mars, il y a des pays où l'on n'en fait pas du tout. Dans les terres franches et blanches il ne vient pas, et, dans les terres légères de la Beauce il rend quelquefois plus que les blés de saison.

D. *Comment se cultive le blé?*

R. Sa culture est à peu près la même dans tout le centre de la France, soit dans l'assolement triennal avec jachère, soit dans l'assolement alterne avec ou sans jachère ; car aujourd'hui l'assolement triennal proprement dit n'existe presque plus à cause des prairies artificielles qui viennent les déranger. Alors, au lieu de faire tous les blés comme ci-devant après jachère, on en fait beaucoup après sainfoin, trèfle, etc. Seulement ce qu'il y a à regretter dans l'assolement triennal, c'est que toujours deux céréales se suivent, blé, avoine, jachère ; dans l'assolement alterne, on peut éviter cet inconvénient, en alternant avec des plantes sarclées et des légumineuses telles que pois, vesce, etc., qui viennent après les blés et ensuite la céréale. (Voir assolements).

D. *Combien le blé demande-t-il de façons pour être bien cultivé?*

R. Le blé sur jachère demande trois façons dans les terres de moyenne force, argilo-siliceuses, et souvent il faut un coup d'extirpateur si les herbes poussent sur les premiers labours. Dans les terres argileuses, il faut se servir de l'extirpateur après chaque labour, lorsque l'herbe veut recommencer à pousser (il faut quatre labours pour ameublir le sol qui est toujours tenace). Après un trèfle de un ou de deux ans qui est bien venu, un seul labour suffit ; après un sainfoin de deux ans, deux labours sont nécessaires.

Dans l'assolement alterne, on ne fait presque pas de blé sur jachère, à moins que la terre se trouve fatiguée et qu'elle ait besoin de repos, car là on est bien obligé de retomber à la jachère. Ou sur cette jachère on fait des pommes de terre, des betteraves, des carottes ; mais alors on ne peut que la faire suivre d'une céréale de mars, car le blé y vient quelquefois assez bien. Les grains de mars y viennent beaucoup mieux.

DE LA FLORAISON

D. *Qu'entend-on par floraison?*

R. On entend par floraison le temps de la fécondation des plantes. Si pendant la floraison, le temps est trop humide, les fleurs coulent ; il faut donc, pour le moment de la floraison, un beau temps, ni trop sec ni trop humide.

DE LA VERSE DES CÉRÉALES

D. *Qu'entend-on par verse des céréales ?*

R. On entend par verse l'état d'une céréale qui ne peut se tenir et se laisse tomber d'elle-même par de grandes pluies accompagnées de vent. Si la verse a lieu avant la floraison et que l'épi se relève, la plante reste courbée et l'épi fleurit si le temps se remet au beau. Mais si au moment de la floraison le temps est humide, les fleurs coulent et la récolte en grains est presque nulle.

Beaucoup d'autres inconvénients surgissent encore avant la parfaite maturité de la récolte.

D. *Quels sont ces inconvénients ?*

R. Ce sont des maladies : la rouille, la carie, l'ergot sur le seigle, le charbon sur l'avoine, etc. Ces maladies sont décrites par plusieurs auteurs sans que l'on puisse en connaître positivement la cause. Les uns disent d'une manière, les autres d'une autre; seulement, pour obvier à la carie, il faut employer le chaulage ou le vitriolage pour les blés et les méteils.

D. *Qu'appelle-t-on chaulage ou vitriolage ?*

R. C'est l'action de laver le blé ou méteil dans un lait de chaux ou de vitriol, soit par *submersion*, soit par *immersion*.

D. *Comment se fait cette opération ?*

R. On met un lait de chaux ou de vitriol dans un grand bac qui est percé et mis sur un autre bac pour que l'eau vitriolée ou le lait de chaux puisse servir de nouveau, on le trempe ainsi et on le remue, quelquefois on le laisse deux ou trois heures avant de faire la dernière opération, pour que tous les grains soient bien imprégnés de la substance. Ensuite on le met en tas, que l'on remue encore tous les quatre à cinq heures; au bout de vingt-quatre heures, on peut le semer.

Celui-ci est le grand chaulage ou vitriolage par submersion.

D. *Comment se fait l'opération par immersion ?*

R. L'autre moyen est plus simple et m'a toujours aussi bien réussi. Il consiste seulement à faire fondre du vitriol dans de l'eau et d'en arroser le tas de blé jusqu'à ce qu'il soit assez mouillé; deux hommes avec chacun une pelle remuent à mesure que vous jetez de l'eau sur le blé, et, après avoir remué trois fois, l'opération est finie. On le laisse en tas, on le remue tous les cinq à six heures ; au bout de 24 heures on peut le semer (même procédé pour la chaux). On met un demi litre de vitriol par sac de blé de 150 litres, ou un quart de chaux éteinte par sac de blé.

D. *A quelle époque sème-t-on les blés et les méteils ?*

R. Les blés et les méteils se sèment à partir du 15 septembre jusqu'aux gelées; parfois on en fait encore à la Saint-André (30 novembre). On le sème à raison de deux hectolitres vingt-cinq litres par hectare à l'état sec, ce qui peut faire deux hectolitres plus quarante à cinquante litres lorsqu'il est chaulé ou vitriolé. On le sème à la volée ou au semoir. Aujourd'hui, le semoir est bien préféré, car la graine est mieux répartie et mieux enterrée; elle lève plus régulièrement, et il y a économie de semence au moins de vingt à vingt-cinq litres par hectare. J'indiquerai la manière de semer à la main après avoir passé toutes les céréales en revue. (Je n'ai pas encore lu d'auteurs qui aient parlé de la manière pratique de semer à la volée).

D. *Le blé est-il une plante bien épuisante ?*

R. Oui, le blé est la céréale la plus épuisante ; mais aussi, en revanche il est le grain le plus lourd et le meilleur en quantité et en qualité lorsqu'il a été bien récolté.

Suivant plusieurs auteurs, le blé prend à la terre 40 pour 0/0 de ses meilleurs sucs.

LE MÉTEIL

D. *Qu'appelle-t-on méteil ?*

R. On appelle méteil un blé mélangé de seigle. On prend ordinairement deux tiers de blé et un tiers de seigle, le tout bien mélangé, et on le sème ainsi après l'avoir vitriolé ou chaulé comme le blé ; ce qui donne à la récolte à peu près autant de seigle que de blé. Il se vend moins cher que le blé pur, mais en revanche, il rend davantage et se contente d'une terre plus médiocre.

D. *Parlez de sa culture ?*

R. Sa culture est la même que celle du blé de saison. Il enlève à la terre 35 0/0 de ses sucs.

SEIGLE

D. *Qu'appelle-t-on seigle ?*

R. C'est une céréale qui se nourrit très-bien dans les sables, où sa paille est de première qualité. Elle sert à faire des chapeaux, à rempailler les chaises, à faire des paillassons, etc.

Son grain est moins recherché que celui du blé. Il entre dans la farine commune ; il se sème avant les blés, dans les premiers jours de septembre.

D. *Quelle est sa culture ?*

R. Sa culture est la même que celle du blé. Seulement, il se contente d'une terre médiocre, même plus médiocre que le méteil, mais bien préparée avec un peu de fumier. Il est bien moins épuisant que le blé.

Le seigle n'épuise que 30 0/0 de ce qu'il prend à la terre. Il y a deux variétés de seigle, celui d'automne et celui de printemps, appelé seigle de Saint-Jean. On prétend, de même que pour le blé, que c'est le même seigle acclimaté.

ESCOURGEON OU ORGE D'HIVER

D. *Qu'est-ce que l'escourgeon ?*

R. C'est une céréale que certains auteurs regardent comme une espèce à part, et d'autres comme l'orge à quatre quarts ordinaire de printemps, acclimatée par le temps ; on a commencé à la semer à l'automne. Le fait est qu'elle ne ressemble plus du tout à aucune orge de printemps.

D. *Quelle est sa culture ?*

R. L'escourgeon s'accommode très bien des petites terres calcaires fraîches, mais pas trop sablonneuses ; aussi, on garde les sables pour le seigle et les terres médiocres. Pour l'escourgeon qui est aujourd'hui une plante de premier secours qui se répand dans toutes les petites terres, et qui se vend beaucoup pour la fabrication de la bière; il sert, comme l'orge, à la nourriture des bestiaux lorsqu'il est mis en farine ; la farine d'escourgeon nouveau et fraîche moulue fait de bon pain.

Il aime un terrain bien meuble et bien préparé sur une jachère et après trois labours.

On le sème comme le blé : deux hectolitres cinquante litres à l'hectare ; son rendement est souvent surprenant (2.000 litres à l'hectare), s'il est bien venu, et qu'il n'ait pas souffert des gelées. Son grain est assez pesant : de cent à cent cinq kilos l'hectolitre et demi, s'il est bien nettoyé.

D. *A quelle époque se sème l'escourgeon ?*

R. On sème l'escourgeon en même temps que le seigle, même avant dans certains pays; il est souvent mûr à la Saint-Jean.

Il épuise la terre autant que le seigle (30 0/0 de ce qu'il prend à la terre). Il ne ressemble pas aux autres céréales, il n'aime pas à être hersé au printemps ; jamais l'escourgeon hersé n'a bien réussi ; il aime cependant à être bien roulé.

ORGE DE PRINTEMPS

D. *Qu'est-ce que l'orge de printemps ?*

R. C'est une céréale de mars ; il y en a de plusieurs espèces:

D. *Nommez-les :*

R. 1° L'orge plate dite anglaise ;

2° L'orge carrée ou à quatre quarts (lorsqu'elle est acclimatée, orge d'hiver ou escourgeon) :

3° L'orge ordinaire mi-plate qui est la plus cultivée et la plus rustique ;

4° La grosse orge dite orge de vigneron ;

Il y a encore d'autres variétés, mais elles sont attribuées aux terrains.

D. *Quelle est la culture de l'orge?*

R. Toutes ces orges, en général, aiment une assez bonne terre, bien meuble et un terrain riche en humus; il faut toujours deux labours pour bien réussir, le premier avant l'hiver et l'autre en hiver s'il est possible, ou au sortir de l'hiver. Avec ces précautions, vous récolterez beaucoup d'orge, car cette plante aime une terre bien préparée, propre et bien ameublie.

D. *A quelle époque se sème l'orge?*

R. L'orge se sème au printemps par un beau temps ; elle n'aime pas à être faite par l'eau. L'orge faite dans ces conditions peut rendre autant que l'orge d'hiver ou escourgeon. Elle est plus estimée, vu qu'elle est plus blanche et se conserve, pour sa farine et la fabrication de la bière, plus longtemps que l'escourgeon qui ne s'emploie que tout frais autant que possible. L'orge de printemps bien récoltée peut se conserver deux et même trois ans.

On la sème à raison de deux hectolitres par hectare.

Elle épuise la terre autant que l'escourgeon (30 0/0). Dans certains endroits on la sème très-claire) pour y faire prendre des prairies artificielles qui viennent très-bien.

Dans le Perche, par exemple on ne met qu'un hectolitre à l'hectare pour que les prairies prennent de la force, et l'on réussit bien.

MOUTURE, ORGE ET BLÉ DE MARS

D. *Qu'appelle-t-on mouture ?*

R. C'est un mélange de deux tiers de blé de mars avec un tiers d'orge que l'on sème après l'avoir, comme le méteil, vitriolé ou chaulé.

D. *Quelle est sa culture?*

R. Sa culture est la même que celle du méteil. Mais au printemps, après deux ou trois labours, s'il est possible, ce grain est d'une grande ressource ; en le mélangeant avec le méteil on fait le pain commun dans les fermes. La vente de ce grain n'est pas toujours facile; mais, en revanche, le rendement en est souvent bon.

AVOINE

D. *Qu'est-ce que l'avoine* ?

R. C'est une céréale dont la culture a pris beaucoup d'extension dans tous les pays, depuis que le nombre des chevaux a augmenté considérablement. Aussi, aujourd'hui, on la cultive mieux qu'autrefois où on ne la semait que sur de mauvaises terres, à peine labourées et après d'autres céréales.

Aujourd'hui, au contraire, on reconnaît que l'avoine aime une terre neuve, bien défoncée ; qu'elle y réussit bien mieux que sur un labour superficiel.

Aussi, dans l'assolement alterne bien régulier, c'est elle qui suit les plantes sarclées et qui procure l'avantage de pouvoir semer en même temps qu'elle des prairies artificielles que l'on rompt un ou deux ans après pour y mettre du blé.

C'est aussi celle des céréales qui vient le mieux après les dégâts de vieille luzernière et qui s'en accommode le mieux, quoiqu'il y reste encore des gazons que la herse ne peut détruire la première année. Mais dans ces avoines faites après dégâts, on ne sème pas de prairies, mais bien du blé avec demi-fumure qui vient prendre place dans l'assolement, bien que deux céréales de suite ne doivent jamais se succéder. Là, on y est à peu près forcé, il n'y a pas d'inconvénient si l'on a soin ensuite de l'alterner, vu que l'avoine prend les gros sucs de la vieille luzernière, ce qui ne convient pas au blé, et que le terrain se trouvant bien aéré, le blé reprend sa place et profite des sucs plus fins qui restent après l'avoine. Un colza serait préférable avant un blé, ce qui ne peut avoir lieu que là où on cultive cette plante huileuse. Aussi, après ce blé, il faut bien se garder de semer une céréale quelconque, car vous épuiseriez entièrement votre sol. C'est ce qui arrive souvent aux gens trop avides de céréales qui, quoique cultivant bien, n'alternent pas en temps utile.

D. *Quelle est sa culture?*

R. Dans l'assolement triennal on fait toujours l'avoine après le blé, sur deux ou un seul labour ; on l'enterre ou bien on la sème sur raies. C'est pourquoi après ces deux céréales, *blé* et *avoine*, il faut absolument une jachère morte ou vive, morte si on a peu d'engrais, vive si l'on en a une assez grande quantité ; à défaut on l'enterre en vert. Malgré ces jachères mortes ou vives, la terre n'est pas assez bien débarrassée des mauvaises herbes de même nature dont la croissance a été favorisée par les deux céréales ; par conséquent, il y a épuisement du sol. C'est pourquoi l'assolement alterne est préférable.

D. *Comment se sème l'avoine ?*

R. On sème l'avoine à raison de 3 hectolitres par hectare, soit sous raies, par un deuxième labour peu profond, soit sous raies sur un seul labour, ou au semoir comme les autres grains.

D. *Y a-t-il plusieurs sortes d'avoine ?*

R. Oui, mais c'est souvent la culture et les terrains qui en font les variétés, telle que l'avoine après des dégâts de bois, après des prairies naturelles rompues, des étangs desséchés, etc. Si on la sème plusieurs années dans les mêmes terres sans la renouveler, elle redevient, à peu de chose près, comme l'avoine ordinaire, noire, grise, blanche, rougeâtre, etc., selon le sol où elle se développe.

J'ai semé de très-belles avoines noires qui sont restées intactes pendant trois ou quatre ans, mais pas plus. Jamais je n'ai pu en conserver de la couleur première pendant longtemps ; cependant, il y a terrains où, comme les blés, elles dégénèrent très-peu.

D. *Qu'est-ce que l'avoine d'hiver ?*

R. C'est une avoine qui se sème avant l'hiver comme l'orge escourgeon. Elle est blanchâtre, acclimatée depuis plusieurs années, elle pèse plus que l'avoine de printemps, mais elle est bien moins estimée, vu qu'elle est plus dure et que la paille n'en est pas très-bonne pour les bestiaux. On la cultive comme le seigle, elle réussit assez bien dans les terres argileuses, lorsqu'il ne gèle pas trop fort. L'avoine d'hiver épuise plus le sol que l'avoine de printemps (à peu près comme le seigle) : celle-ci est la moins épuisante de toutes les céréales (25 pour 0/0).

MÉLASSE OU AVOINE ET ORGE

D. *Qu'appelle-t-on mélasse ?*

R. C'est un mélange d'avoine et d'orge.

On la cultive souvent pour les bestiaux qui la mangent soit en vert, soit, lorsqu'elle est par trop mûre, en bottes, à la bergerie. On la récolte aussi à graine ; on la met souvent dans les plus mauvaises terres. Si elle était bien cultivée, elle pourrait rendre autant que l'avoine, surtout en poids.

Sa culture est la même que celle de l'avoine.

FOLLE AVOINE OU AVERON

D. *Qu'appelle-t-on folle avoine ou averon ?*

R. On prétend que cette folle avoine ou averon est une avoine dégénérée qui se multiplie de ses chapelets, car elle a des nœuds formant chapelet à la racine, lesquels se trouvant coupés par la charrue, repoussent plus vite, mûrissent de bonne heure et tombent de suite. De sorte qu'un sol infecté de cette plante est très-difficile à approprier. Dans ce cas il a besoin d'une jachère vive pour que l'on puisse faire manger le tout en vert. On est même obligé ensuite d'y cultiver des plantes sarclées des prairies ; même dans les vieilles luzernières de dix à douze ans, lorsqu'on vient à les rompre, l'averon s'y rencontre de nouveau. Il faut au lieu d'y mettre de l'avoine, y faire des vesces d'hiver ou de saison, semées bien drues, et, si l'averon domine, on les coupe en vert pour faire vanner. Souvent, si les vesces viennent bien, elles finissent par étouffer la folle avoine ; il faut être longtemps sans y semer de l'avoine et toutes les fois qu'il s'en montre, il faut faire attention qu'elle ne mûrisse pas et avoir soin de débarrasser la terre des chapelets par des coups d'extirpateur et des hersages énergiques.

Sarrasin ou blé noir

D. *Qu'appelle-t-on sarrasin ?*

R. C'est une plante qui remplace l'épeautre dans les pays chauds du Midi, dans les montagnes, et les mauvaises terres.

Sa culture. — Sa culture est facile, il craint beaucoup les premières gelées, aussi ne le sème-t-on qu'en mai ou en juin. Il mûrit encore de bonne heure et sert à la nourriture des habitants du pays.

Aujourd'hui, on le cultive dans le centre de la France, dans les terres médiocres, en Beauce comme fourrage vert et pour engrais végétal. Son grain est aussi très-bon pour les chevaux, mais en petite quantité. Les volailles pondent beaucoup lorsqu'elles mangent du sarrasin cassé au moulin ; il remplace l'orge pour les porcs et les bestiaux. Sa culture est avantageuse lorsque l'eau arrive à temps.

Sa semence. — Il se sème à raison d'un hectolitre par hectare. C'est peut-être le seul grain qui se sème aussi clair et qui reste le moins longtemps en terre. Il lui faut un sol meuble et bien préparé par plusieurs labours ; on s'en sert pour venir en aide, comme fourrage vert, après une récolte quelconque.

Remarque. —Il ne faut pas oublier que toutes ces céréales, excepté l'escourgeon, aiment à être hersées au printemps, et, s'il est possible, roulées avec un assez fort rouleau, afin que les mottes soient bien écrasées ; ce qui, en rehaussant les plantes et en les serrant contre terre, entretient la fraîcheur et rend le fauchage facile.

L'ART DU SEMEUR

De la manière de semer a la volée et des deux mains

D. *Quelle est la manière de s'y prendre pour bien répandre également les grains, tant fins qu'ils soient, dans les champs, en semant à la volée?*

R. 1° Un bon semeur doit prendre le grain à pleine main

mais sans se gêner, afin de ne pas en laisser tomber. Il ne doit pas emplir son semoir outre mesure, afin de pouvoir l'enrouler autour de son bras et qu'il ne s'échappe pas de grain sur le côté ou derrière lui en marchant. Ces observations sont importantes, et beaucoup de semeurs les négligent.

2° Un bon semeur doit savoir et pouvoir modérer sa poignée suivant le besoin et les pas qu'il prend en largeur.

3° Quant à la longueur qu'il a à parcourir, il ne peut porter la semence du blé au delà de 200 mètres sans la remplacer. Si le riage a 400 mètres de longueur, il faut donc une poche à chaque extrémité et une au milieu ; souvent même on en place deux au milieu du champ, vu que le semeur prend de la semence toutes les fois qu'il passe, c'est-à-dire qu'il se charge là en allant et en revenant. Autrement, s'il ne met qu'une poche, il faut qu'il charge plus fort aux deux bouts ; deux poches sont donc nécessaires au milieu. Un semeur ordinaire peut semer quatre hectares de blé par jour et recommencer le lendemain.

4° Dans le semage de l'avoine et de l'orge, on peut placer ces poches à la distance de 300 mètres, puis pour le reste, prendre les mêmes précautions que pour le blé.

Un semeur peut semer six hectares d'avoine ou d'orge par jour.

5° Il faut remarquer que l'homme ainsi chargé, soit de blé, d'orge ou d'avoine, ne fait pas de pas d'un mètre comme dans la marche ordinaire, mais seulement de 0ᵐ70 à 0ᵐ75.

Quelquefois le semeur a beaucoup de mal, selon que le guéret est plus ou moins uni et meuble.

6° Le semeur doit marquer son pas pour repartir en arrivant à chaque bout du champ et assez loin des aboutants (5 à 6 mètres à peu près) pour ne pas être gêné. De cette manière, il s'abstient facilement de jeter du grain sur les pièces voisines. Puis il déploie son semoir, reprend de la semence, change de main, c'est-à-dire enroule son semoir sur l'autre bras, et repart. Il en est ainsi jusqu'à la fin.

7° Le semeur doit couvrir pour le moins deux pas de largeur dans le jet de sa semence, c'est-à-dire que s'il prend trois pas d'un mètre par jet, il doit en couvrir six, autrement il *barrait* (comme on dit dans la pratique) et cela ferait de mauvaise besogne. Si le semeur ne peut couvrir ces deux pas, soit faute de vent, soit par un mauvais vent, pour y obvier, il pointe une, deux ou trois raies plutôt, mais le mieux est de quitter et de semer de travers *à marque*, ce qui revient à la même méthode. Si, au contraire, le vent est favorable, en ne pointant que sur le pas ou la raie où il marche, il peut couvrir deux pas, deux pas et demi et même trois pas sans inconvénient. C'est souvent par un vent favorable que l'on couvre trois pas, le grain se trouvant le mieux réparti ; il faut toujours couvrir la même largeur, ne pas pousser plus fort d'une main que de l'autre et ne pas prendre plus de grain dans une main que dans l'autre ; le semeur doit bien faire attention à ce que son premier doigt (l'index) fende bien son grain ; sans cette précaution, pas de bon semeur.

8°. Lorsque l'on commence un champ, il est de toute nécessité de bien prendre le vent en travers ou à peu près, s'il est possible, de faire son *engrenure* ou *clôture* le vent par derrière ; arrivé au bout, le semeur recule de cinq à six pas, afin qu'il puisse bien couvrir son engrenure et continuer ainsi jusqu'à la fin sans prendre ni plus ni moins large à un pas qu'à l'autre. Arrivé à la fin du champ, c'est-à-dire à la dernière raie, il faut aussi faire une engrenure ou clôture, et une fois que les clôtures des deux côtés sont faites, sur la dernière, on part à un pas de la rive et on fait un dernier jet, afin qu'il y ait autant de semence que du côté où l'on a commencé à ensemencer le champ. Ensuite, sur les bouts, on fait un petit jet pour parer aux légers inconvénients qui peuvent arriver au semeur, sur les aboutissants, il est bon que le grain soit un peu dru, car bien des sans gêne gaspillent en passant. (La pratique apprend tout cela mieux que l'explication). Celui qui n'a jamais semé ni vu semer, peut, en voyant un semeur, se rendre compte des principes que je viens d'indiquer.

9° Pour les graines fines telles que luzerne, trèfle, minette, trèfle incarnat, colza, etc., etc., on opère de la même manière, mais il ne faut pas prendre tant de pas en largeur et bien voir le vent pour couvrir au moins deux pas.

10° Pour semer ces graines fines, la main doit toujours rester entièrement fermée et n'ouvrir que l'index qui prend seul la graine dans le semoir et la fend en l'ouvrant. D'autres semeurs prennent ces fines graines avec deux doigts et le pouce, c'est-à-dire à la pincée ; cette méthode ne vaut pas la première. La pratique apprendra à qui veut semer qu'il faut modérer sa main et son pas lequel doit être bien régulier. C'est à force de semer, toutefois avec attention, que l'on devient bon semeur.

N. B. — *Nous venons de nous initier aux premiers principes d'agriculture ; nous allons maintenant passer en revue les principales espèces de terres dont le sol et le sous-sol sont formés.*

LIVRE IVᵉ

ÉTUDE GÉOLOGIQUE DU SOL

D. *Qu'est-ce que le sol ?*

R. Le sol est la matière première de l'agriculture. Dans son état actuel, la chimie distingue neuf espèces de terres réputées élémentaires, c'est-à-dire qu'on n'est pas encore parvenu à décomposer ; et de ces neuf espèces, quatre seulement contribuent essentiellement à la formation de notre sol. Ce sont :

1° L'alumine,
2° La silice,
3° La chaux,
4° La magnésie.

L'alumine

D. *Qu'est-ce que l'alumine ?*

R. C'est l'élément qui caractérise *l'argile* que nous appelons vulgairement *glaise* ou terre *grasse*, terre *argileuse*. Elle est

une des parties constituantes les plus essentielles d'un sel
connu sous le nom *d'alun*, ce qui lui a fait donner le nom
d'alumine.

L'argile est un corps composé, tandis que *l'alumine* est un
corps simple. Elle est la combinaison de l'alumine avec la
silice et l'oxyde de fer.

D. *Où rencontre-t-on l'alumine ?*

R. Après la silice, l'alumine est de toutes les terres celle
que l'on rencontre le plus souvent et en plus grande quantité dans le sol.

D. *Quelles sont les propriétés de l'alumine ?*

R. L'alumine est très-importante pour le cultivateur,
comme partie constituante de l'argile, et elle entre toujours
dans la composition de la terre végétale.

L'alumine ne se rencontre jamais pure dans la nature. Il
y a plusieurs espèces d'alumine ; elles prennent le nom de la
substance à laquelle elles sont associées. Il y en a de quatre
espèces principales :

1° Le corindon ou alumine pure cristallisée, 2° l'alumine
sulfatée alcaline, 3° l'alumine magnésie, 4° alumine fluosi-
licatée ou topaze.

LA SILICE

D. *Qu'est-ce que la silice ?*

R. Cette terre doit son nom au silex. C'est celle qu'on
rencontre le plus souvent dans la nature accompagnée de
quartz. Combinée avec les alcalis elle donne le verre, aussi
l'appelle-t-on terre vitreuse. Toutes les pierres dures qui
donnent des étincelles avec l'acier sont formées en partie de
silice ; les graminées, en particulier, en contiennent beaucoup. Elle n'a point d'affinité avec l'eau, car, sans l'aide d'un
intermédiaire, on n'est jamais parvenu à en dissoudre la
moindre partie dans ce liquide.

D. *Quelles sont ses propriétés ?*

R. Si l'on fond de la potasse ou de la soude avec de la silice, celle-ci prédominant, il en résulte le verre, composition très-utile. Plus la proportion de silice est grande, plus le verre résiste à l'air et aux acides.

La silice est l'élément d'une grande partie des sables et des pierres, de toutes les pierres précieuses, à l'exception du diamant ; le rubis et le saphir sont formés de silice.

Elle concourt à rendre le sol plus meuble.

Dans la nature on ne rencontre ni l'une ni l'autre de ces terres dans un état de pureté absolue.

Leur mélange constitue des argiles, plus ou moins tenaces, selon que l'alumine y domine, et que la silice augmente. Le sol devient plus léger et plus sablonneux ; il est donc bien plus facile à labourer.

LA CHAUX

D. *Qu'est-ce que la chaux ?*

R. La chaux entre dans la composition de presque tous les sols ; ceux qui en contiennent une bonne proportion sont généralement les plus fertiles ; ils transmettent mieux aux suçoirs des plantes les aliments dont ils ont besoin. La chaux se distingue des deux terres précédentes (l'alumine et la silice) comme faisant partie intégrante des plantes ; elle n'est pas envisagée comme engrais, mais comme amendement.

D. *Quelles sont ses propriétés ?*

R. Combinée essentiellement avec l'acide carbonique, la chaux produit le gypse ou sulfate de chaux. Cette dernière substance, après avoir été calcinée et pulvérisée, est employée dans les constructions, et, en agriculture, à l'amendement des terres pour les rendre plus douces à cultiver.

Unie à l'argile, la chaux forme *la marne* qui augmente la fertilité du sol.

La chaux absorbe l'eau ; elle absorbe aussi l'acide carbonique contenu dans l'air ; c'est à cet état qu'elle devient douce, et prend le nom de *carbonate de chaux.*

La chaux a la propriété de dissolution sur les corps des animaux et des végétaux et de décomposition sur les engrais qui sont contenus dans le sol. Elle fait que les parties nutritives les plus avantageuses aux plantes se développent en plus grande quantité ; de là vient aussi qu'elle accélère l'épuisement du sol, lequel devient d'autant plus stérile, si on ne lui donne de nouveaux engrais. C'est pour cela que, lorsqu'on amende avec de la chaux, il est absolument nécessaire de fumer avec de bon fumier d'étable, des fumiers de ferme, c'est-à-dire des fumiers de chevaux, de moutons et bêtes à cornes bien mélangés. Sans cela la terre, après une fumure à la chaux, est très-longtemps à se remettre et devient de plus en plus maigre sans le concours de bon fumier. (Il en est presque toujours de même de tous les amendements).

Le sable et la chaux éteinte convertie en mortier, se sèchent promptement à l'air ; ils s'attachent fortement aux pierres et servent à les lier les unes aux autres.

La chaux peut être entièrement fondue lorsqu'elle est mêlée avec de la silice ; sans cela elle ne peut être mise en fusion, on ne peut que la brûler ; aussi, dans ce cas, l'appelle-t-on chaux morte ou chaux brûlée.

D. *Où se trouve la pierre à chaux ?*

R. On trouve quelquefois des montagnes tout entières composées de pierre à chaux. Elle est dure, de couleur grise, jaunâtre, rougeâtre ; la meilleure est la grise. Il y a des pierres dures et des pierres tendres à cassure terreuse, écailleuse, schisteuse. Elle n'a ni brillant ni transparence, elle répand quelquefois des odeurs puantes par le frottement. Cette variété s'appelle *calcaire fétide.*

Le *marbre* est une espèce de pierre à chaux qui se distingue par une grande dureté, par une cassure plus fine et par ses couleurs variées.

La *craie* est une espèce de chaux concrète, de dureté variée, maigre au toucher.

La *craie d'Espagne* est une espèce de stéalite, marne très-fine.

La *craie noire* est du genre des schistes.

Le *tuf calcaire* est une congrégation calcaire qui se forme dans les eaux par dépôt et non par suintement.

LE PLATRE OU GYPSE (SULFATE DE CHAUX OU CHAUX SULFATÉE)

D. *Qu'est-ce que le plâtre ou gypse?*

R. C'est un corps absolument insipide ; il se dissout difficilement dans l'eau et, lorsqu'il est purgé des matières combustibles et d'oxyde de fer, il a toujours une couleur blanche.
Le plâtre est composé, suivant certains auteurs, de :
Chaux   33 0/0.
Acide sulfurique   43 0/0.
Eau de cristallisation 24 0/0.

D. *Quelles sont ses propriétés ?*

R. Le gypse ou plâtre quoique exposé à l'air ne perd point son eau de cristallisation sans s'éclater. Il perd en poids toute l'eau qu'il contenait, lorsque le plâtre brisé en morceaux est passé au feu ; en se calcinant il devient tout à fait tendre et on peut l'écraser sous les doigts, c'est là qu'on l'appelle *plâtre.* Dans cet état il peut être employé comme mortier, pour mouler et surtout pour amendements sur les prairies et grains ronds tel que pois, vesces, jarasse, etc.; c'est là qu'il fait le plus d'effet. Il n'a presque pas de puissance sur les graminées et les céréales, seulement il procure à la terre une fertilité qui sert beaucoup pour les plantes qui suivent ces céréales plâtrées ; et, chose surprenante, c'est qu'après une prairie retournée, qui a été plâtrée et que l'on remplace par des céréales, celles-ci se tiennent toujours beaucoup plus vertes que les prairies défrichées qui n'ont pas eu de plâtre depuis longtemps. Le plâtre est très-utile en agriculture et surtout dans les prairies artificielles.

La magnésie

D. *Qu'est-ce que la magnésie ?*

R. C'est une terre découverte seulement depuis peu de temps ; aussi est elle encore à étudier dans ses rapports avec la végétation ; on ne la rencontre jamais pure dans la nature.

Il n'est presque pas de sol qui ne contienne un peu de fer, et c'est au fer que les nuances des couleurs servent à distinguer les différents terrains magnésiens.

D. *Quelles sont les propriétés du fer ?*

R. Combiné avec le soufre, le fer produit le sel que nous appelons *vitriol* ou *sulfate de fer*, substance qui, se trouvant en trop grande quantité dans le sol, nuit beaucoup à la végétation, mais qui, au contraire, la favorise lorsqu'elle n'existe qu'en petite quantité ; elle est souvent combinée avec la tourbe et le charbon de terre.

Quelquefois elle forme une partie de la couche végétale et de la marne propre à amender les terres.

Quelles sont les propriétés de la magnésie ?

Le carbonate de magnésie est insipide et inodore; lorsqu'il est mouillé et mêlé avec de l'eau, il produit une matière peu liée qui sèche bientôt. La magnésie se distingue de la chaux en ce qu'elle n'est point caustique et alcaline ; il ne s'y manifeste point de chaleur lorsqu'on y verse de l'eau ; le corps qui en résulte ne se durcit pas en séchant; elle ne prend pas de cohérence, et, lorsqu'on y ajoute du sable, elle ne produit pas de mortier.

Les corps qui contiennent de la magnésie et qui sont gras au toucher, sont les suivants :
1° La serpentine,
3° Le talc ou pierre ollaire,
3° La pierre savonneuse,
4° L'asbeste,

5° L'écume de mer, dont on se sert pour faire des têtes de pipes.

Voilà, suivant Thaër, les quatre espèces de terres essentielles qui forment notre sol : 1° l'alumine, 2° la silice, 3° la chaux, 4° la magnésie.

DU MÉLANGE DES TERRES OU TERRES SECONDAIRES

Le *fer*. L'*argile*. La *marne*. L'*humus*. La *tourbe*. Le *charbon de terre*.

D. *Qu'est-ce que le fer* ?

R. C'est un corps poreux, dur et ductile, qui se présente sous plusieurs formes dans le sol ; on le rencontre oxydé, de diverses couleurs, blanc, vert, noir et rouge, mêlé avec de l'alumine ; c'est lui qui donne à l'argile les diverses couleurs. On le trouve combiné dans le sol avec l'acide sulfurique, il constitue alors le vitriol. Là, il est très-nuisible à la végétation et fait périr les plantes, tandis que s'il se trouve combiné avec du carbone, avec du charbon de terre ou de la pierre, il a une propriété fertilisante.

Un terrain dont la couche repose sur du fer limoneux est toujours du nombre des plus mauvais et des plus stériles.

D. *Qu'est-ce que l'argile* ?

R. L'*argile* est composée d'alumine et de silice. Ces deux espèces de terre, comme on le représente, ne sont pas seulement mêlées ensemble, mais elles sont combinées de manière à ce que, pour les détruire, on est obligé de se servir des agents chimiques. Il semble même que la nature se soit réservée la faculté d'opérer cette combinaison intime, car, quoique l'on soit parvenu à combiner l'alumine avec de la silice, cette combinaison ne forme cependant point une véritable argile.

Suivant toutes les apparences, l'argile s'approprie des substances de l'atmosphère, surtout de l'*oxygène*.

La composition des argiles varie entre 25 et 50 0/0 d'alumine et 55 à 74 0/0 de silice. Plusieurs substances altèrent les argiles ; le sable à l'état pulvérulent les empêche d'être liantes en leur donnant de l'aspect.

Les trois principales substances dont l'argile est composée sont :

L'alumine, la silice et l'oxyde de fer.

Elles sont combinées entre elles dans des proportions très variées; on trouve rarement deux argiles de la même nature. On rencontre l'argile avec des couleurs très-différentes, blanche, grise, brune, rouge, noire. Ces diverses nuances de couleurs sont dues à des corps combustibles, à l'*humus* et à une matière *bitumineuse*.

D. *Quelles sont ses propriétés?*

R. L'argile étant saturée d'eau, ne se laisse plus pénétrer par ce liquide. Si l'on en verse sur un gâteau ou un bassin fait avec de la pâte d'argile, cette eau ne suinte pas au travers. Cette propriété fait remarquer la présence de l'argile dans la couche supérieure du sol, aussi bien que celles qui sont au-dessous. C'est cette argile qui empêche l'eau de pénétrer plus avant, sans cela nous ne trouverions des sources qu'en creusant très-profondément ; ces eaux stagnantes, ces places humides que l'on rencontre dans les champs, demeurent au dessus des couches d'argile jusqu'à ce qu'elles se soient évaporées ou qu'on les fasse couler.

Lorsque l'on délaie de l'argile dans beaucoup d'eau elle trouble cette eau et y reste en suspension ; mais l'eau n'en dissout aucune partie et elle reste très-longtemps sans devenir limpide.

Si l'argile humectée est exposée à la gelée, il s'y fait des crevasses et elle se réduit en fragments. Lorsqu'on veut employer l'argile à l'amélioration du sol, on la soumet à l'action de la gelée, alors elle se mêle mieux avec le sol auquel on la destine.

La propriété de l'argile qui a été rougie au feu diffère beaucoup de celle de l'argile qui n'a pas été soumise à l'action de ce dernier ; les fragments de la première deviennent assez durs pour donner des étincelles en les frappant avec un briquet, et ils ne peuvent plus être amollis ; ils ne retiennent plus l'eau·

L'air paraît avoir une puissante action sur l'argile, tant cuite que non cuite. Il est reconnu que la glaise des anciens murs et des anciens fours est presque un engrais et augmente la fertilité du sol, où l'on a pensé que l'argile attire à elle des particules fertilisantes de l'atmosphère.

La chaux est souvent la compagne de l'argile, quelquefois aussi de l'argile et de la chaux combinées avec l'acide sulfurique en forme de gyspe (sulfate de chaux).

Lorsque la quantité de chaux contenue dans l'argile s'élève jusqu'à une certaine proportion, cette combinaison est désignée aujourd'hui sous le nom de marne.

D. *Y a-t-il plusieurs espèces d'argiles ?*

R. Oui, mais nous allons seulement nous occuper des six principales :

1° Le kaolin (terre de porcelaine, ou argile plastique).

C'est la plus pure et la plus fine des argiles ; c'est cette espèce qui est employée dans la fabrication de la porcelaine fine. On la trouve en différentes localités, en Allemagne, en Autriche, en Angleterre, etc.

2° L'argile figuline, ou terre à pipes.

C'est, après le kaolin, de toutes les argiles, celle dont la couleur est la plus pure. Elle contient des matières combustibles ; on l'emploie pour les poteries grossières, la faïence, etc. Elle se rencontre à Provins ; dans le Lot, elle constitue *l'ocre* jaune.

3° Le bol, argile marneuse.

Elle est des plus grasses, c'est réellement la marne argileuse. Unie et mêlée avec l'eau, elle donne une pâte très-tenace et onctueuse ; elle se durcit fortement à l'air et au feu.

4° L'argile à pots ou à tuile.

Elle tire son nom de l'emploi qu'on en fait pour fabriquer la poterie commune et la tuile. On la trouve en abondance dans les plaines. Elle est très-tenace et onctueuse, grasse au toucher et happe fortement à la langue ; en séchant elle se durcit et se fend facilement.

5° Argile smectique, ou terre à foulon.

Cette argile est grasse au toucher, mais maigre par elle

même. On l'emploie pour fouler et dégraisser les draps ; elle est friable, l'eau la réduit facilement en poudre. Elle contient peu d'alumine, mais d'autant plus de silice et un peu de chaux.

On la distingue de la terre argileuse, parce que la terre à foulon est un mélange d'argile grasse ou maigre avec de la silice à gros grains ou de la craie.

6° Argile ferrugineuse ou fer limoneux.

Qu'appelle-t-on argile ferrugineuse ou fer limoneux ?

R. Cette argile est tout ce qu'il y a de plus nuisible à la végétation. Elle est en grande partie composée de silice et d'une forte proportion de carbonate et de phosphate de fer, qui forment entre eux une masse lorsqu'elle est disposée immédiatement au-dessous de la surface du sol, où elle se dissout en partie ; en contact immédiat avec les racines des plantes, elle est très-nuisible à la végétation.

Lorsque le fer limoneux se trouve à la surface du sol, il le rend impropre à toute espèce de production. Les pins même ne peuvent y vivre, même après un défoncement, si la terre ne change pas. Ce terrain n'est propre à rien moins qu'à engendrer des frais qui ne seraient jamais couverts.

MARNE

D. *Qu'est-ce que la marne ?*

R. La marne, cette substance si importante pour l'agriculture, est connue comme un moyen d'augmenter la fécondité du sol et de l'améliorer, lorsqu'on n'en abuse pas et que l'on y fait suivre de bons engrais.

La marne est une combinaison de *carbonate de chaux* avec *l'argile*. Ces deux substances se trouvent le plus souvent amalgamées d'une manière si complète que l'on ne peut, ni avec l'œil ni avec le microscope, distinguer les particules de chaux de celles de l'argile.

La science n'a pas encore pu découvrir comment la nature a fait cette préparation, car si l'on fait un mélange de chaux et d'argile, ces mélanges sont très-différents de la marne naturelle.

On a classé la *marne* suivant les diverses proportions d'argile ou de chaux dont elle est composée. Si l'argile prédomine au delà de la moitié, jusqu'aux deux tiers, cette combinaison s'appelle *marne argileuse*; si la proportion d'argile est encore plus forte, on a l'*argile calcaire ou marneuse*; si, en revanche, la chaux prédomine, c'est la *marne calcaire*; si la quantité de chaux est encore plus grande on a la *chaux argileuse*.

D. *Où se trouve la marne ?*

R. On trouve la marne et ses variétés dans beaucoup de contrées. Les plantes qui souvent servent à déceler sa présence sont : le pas d'âne, la sauge glutineuse, la sauge des prés, le trèfle jaune, la minette dorée, lesquelles végètent à l'état sauvage dans les endroits où il y a de la marne ou au moins de l'argile marneuse.

La marne est de différentes couleurs ; ces couleurs sont produites par les oxydes de fer ou de manganèse, par des matières combustibles, des bitumes, des humus, etc.

LES MARNES

D. *Y a-t-il plusieurs espèces de marnes ?*

R. Oui, mais quant à la consistance et à la contexture de leurs parties, les marnes diffèrent essentiellement entre elles.

Quelquefois elles sont aussi molles, aussi douces au toucher que la poussière, ou du moins elles se laissent facilement broyer entre les doigts ; d'autres fois on les rencontre avec la dureté de la pierre.

On appelle les premières *marnes terreuses*,

Les autres *marnes concrètes*.

Cette dernière espèce se distingue encore par sa contexture ; ou elle a une cassure schisteuse et est composée de lames superposées les unes aux autres, ou bien elle n'a pas de couches uniformes, et lorsqu'on la brise, elle éclate en morceaux irréguliers.

On nomme l'une *marne schisteuse*, et l'autre *marne pierreuse*.

D. *Quelles sont ses propriétés ?*

R. Lorsque l'on verse de l'eau sur la marne, cette eau pénètre plus ou moins facilement dans ses pores, détruit la cohésion de ses molécules, les sépare les unes des autres et les réduit en une poudre fine. C'est là une des propriétés essentielles qui servent à distinguer la *marne* et par laquelle cette substance *améliore le sol*, en se mêlant complétement avec sa couche supérieure.

Toutes les terres imitant la marne qui ne se réduisent pas spontanément en poudre dans l'eau, ne sont pas des *marnes*.

Toute *marne*, même la pierreuse, devient molle dans ce liquide et s'y pulvérise. La *marne* exposée à l'air perd également sa cohésion et s'y réduit en poudre, tout comme dans l'eau, seulement elle emploie plus de temps. C'est cette propriété qui la rend si commode pour améliorer les terres.

Il n'est point nécessaire de pulvériser la marne avant de la déposer dans le sol qu'on veut bonifier ; on peut entièrement abandonner ce soin à l'air. L'humidité de l'atmosphère pénètre dans la marne déposée sur la terre et la réduit en poudre. La gelée contribue beaucoup à la division totale des particules pour les *marnes* tenaces et aussi pour les *marnes* concrètes ; il faut son concours pour obtenir une division complète ; c'est pour cela que, le plus souvent, on charrie les marnes avant l'hiver. L'humidité que la marne a absorbée se dissipe par la gelée et sépare les parties les unes des autres, de même que nous l'avons vu en parlant de l'argile.

La marne est une substance fusible et vitrifiable ; il ne faut pas une très-grande chaleur pour la faire entrer en fusion.

Les formes extérieures sous lesquelles la marne se trouve sont aussi très-variées. Les espèces suivantes sont les principales :

D. *Dites quelles sont ces espèces de marnes ?*

R. 1° Marne pierreuse et le plus souvent schisteuse.

Cette marne, dans la terre, est souvent très-friable. C'est seulement lorsqu'elle est mise en contact avec l'air qu'elle se durcit et change de couleur. Ce n'est guère qu'au bout de deux ou trois ans qu'elle perd son agrégation. Cette marne est souvent calcaire et se rapproche de la chaux, de sorte que l'on en fait de mauvaise chaux.

2° Marne argileuse ou glaiseuse, où l'argile domine.

3° Marne feuilletée ; on ne la trouve qu'en couches très-minces.

4° Marne coquillière ; on rencontre souvent des coquilles de colimaçons.

Elle sont composées en partie de chaux, aussi les appelle-t-on *chaux marneuses*. La marne se divise à l'air et dans l'eau. On l'emploie en guise de chaux pour blanchir. Elle est souvent médiocre, quand elle contient de l'acide phosphorique. Les marnes sont assez rares dans les collines.

ÉPILOGUE

L'agriculture mise à la portée de tous et à l'usage de la jeunesse, offre un exemple que je m'empresse de soumettre à nos lecteurs.

Nous avons à peu près passé en revue tout ce qui regarde l'agriculture et parlé de la manière de bien connaître et multiplier les terres, de bien les défoncer, *s'il est jugé à propos*, de bien les fumer, labourer, herser, rouler, etc., etc. Sans ces précautions, pas de culture convenable.

Mais pour se procurer assez de fumier dans une ferme éloignée des villes, des usines, des prairies naturelles, etc. où le cultivateur est obligé de tout se procurer par lui-même, quel moyen peut-il employer pour fumer convenablement une partie de ces terres ? Cela n'est pas très-facile, car il faut beaucoup de bestiaux, et ces bestiaux, il faut pouvoir les nourrir sans être obligé d'acheter ni paille, ni foin, car si l'on achète, il vaut autant acheter le fumier ; et, par ce moyen, tout le monde peut être cultivateur ; mais tout le monde n'a pas force argent.

Le moyen n'est pas très-facile, c'est vrai. C'est à peu près ce qu'il y a de plus rude, de plus difficile et ce qui coûte le plus cher au cultivateur; c'est le fumier et le bon fumier.

Voici mon avis à ce sujet :

1° Il faut que le cultivateur ait des capitaux selon son entreprise, qu'il doit avoir étudiée avec soin.

2° Qu'il fasse des racines en abondance pour les bestiaux qu'il a à entretenir.

3° Qu'il mette un quart ou un cinquième de son sol en prairies naturelles en ayant soin de conserver une vieille luzernière que l'on ne doit rompre que lorsque besoin en est.

4° Faire des composts avec de la chaux, des détritus de feuilles, des terres mélangées, de mauvaises herbes mises en tas, etc., et arroser ces composts bien mélangés de paille, de râclures de cour, etc., avec les purins des étables ou des couches à fumier qui doivent être reservées dans des citernes à ce destinées.

5° Lorsque tout est bien en marche, il faut qu'il puisse arriver à nourrir une demi-tête de gros bétail par hectare (dix moutons sont regardés comme une tête de gros bétail), faire des engrais végétaux et les enterrer en vert au moment de la floraison.

6° Avoir bien soin, tous les quinze jours, de faire semer pour les vaches et les moutons, afin qu'ils aient assez à manger en vert toute la belle saison, soit du colza, soit du maïs, du sarrasin, du seigle, de l'escourgeon, des vesces, des pois, du moutardon, etc. Les uns se sèment mélangés et les autres purs, au gré du cultivateur.

7° Une fois que tous ces travaux seront bien exécutés, s'il s'est monté avec demi-tête de gros bétail par hectare, là, il pourra augmenter d'un quart de tête (trois quarts de tête de gros bétail par hectare). Puis il commencera à voir clair et pourra ainsi d'année en année augmenter son bétail, si ses trèfles farouches sont bons, ainsi que les autres prairies arti-ficielles, par exemple les vieilles luzernières. L'assolement doit être reconnu bon et bien approprié au terrain. Le cultivateur pourra par ces moyens arriver, en plusieurs années, à nourrir une tête de gros bétail par hectare, en le nourrissant convenablement. La culture arrivée à ce point sera devenue intensive, et, en continuant, la terre se trouvera grasse et améliorée. Là, il pourra engraisser des bestiaux et se procurer la quantité de fumier dont il aura besoin, le faire bon en l'arrosant avec les purins des fosses. Le surplus de ces purins servira à arroser les prairies artificielles ou les racines, ce qui équivaut à un demi engrais.

A Grignon on est parvenu à avoir deux têtes de gros bétail par hectare ; mais il y avait des prairies naturelles, ce qui est la première ressource. Une tête et demie était donc à peu près ce que pouvait nourrir Grignon sans les ressources des prairies naturelles. Ainsi, un fermier intelligent ayant une assez bonne ferme, peut arriver à une tête de gros bétail bien nourri par hectare. De plus, il n'est guère possible d'en citer qui aient pu les nourrir toute l'année, à moins d'avoir des distilleries ou des terres d'alluvion de première qualité, ce qui ne se rencontre pas souvent.

Exemple :

Ainsi une ferme de 100 hectares demande 100 têtes de gros bétail, que l'on peut répartir ainsi :

1° 30 vaches = (30 têtes de gros bétail, ci).	30 têtes
2° 5 à 600 moutons = (10 têtes pour 1 de gros bétail).	55
3° 8 chevaux = (8 têtes de gros bétail).	8
4° 6 porcs = (3 par tête de gros bétail).	2
5° 200 volailles = (40 pour 1 tête de gros bétail).	4
	99 têtes

Une ferme garnie de ce genre en bons bestiaux sans être des premiers types, s'appelle une ferme bien montée. C'est à peu près ce qu'il y a de mieux dans la Beauce, quoique l'assolement triennal soit encore prédominant. Jugez maintenant, pour la doubler, comment il faut faire produire la terre, et quel soin il faut y apporter. Il paraît que les Anglais y arrivent, je ne sais par quel moyen. C'est qu'ils ont eu des fabriques ou des prairies naturelles en sus pour nourrir une partie de leurs bestiaux. En France cela n'est guère possible sans le secours des distilleries ou des prairies naturelles.

J'ai voulu à Fresnay-l'Évêque avoir une tête et demie de gros bétail par hectare. Je n'ai jamais pu les nourrir convenablement sans être obligé d'acheter. Mais j'ai eu pendant longtemps une tête de gros bétail bien entretenue à l'hectare, sans prairies naturelles ni achats de foin et d'engrais de commerce, (j'avais un assolement alterne).

Plus tard j'ai acheté des engrais de commerce, qui faisaient bien pousser le colza des prairies artificielles, beaucoup de paille, mais pas de grains, car ceux-ci tombaient, ne se soutenant pas, et ne rendaient presque plus rien. Je me suis abstenu d'en acheter ensuite et je m'en suis bien trouvé, seulement, j'ai continué à mettre un peu de plâtre dans les prairies. Les engrais de commerce ne sont donc que des amendements, des excitants qui font dépenser des sucs à la terre. Si elle est grasse, il est vrai qu'ils la font produire ; si elle est demi-grasse, ils font pousser vert sans beaucoup de grains ; si elle est maigre, ils l'épuisent tout à fait. Je suis donc de l'avis de beaucoup d'auteurs et de M. Bell, le fondateur de Grignon : sans de vrais engrais ou fumiers de ferme bien mélangés et bien arrosés de purins il n'y a pas de bonne culture à espérer. Viennent ensuite les amendements naturels tels que les marnes, la chaux, la charrée, la cendre, etc. Mais aussi, après tous ces amendements, il faut de bons engrais, c'est-à-dire de bon fumier de ferme.

TABLE DES QUESTIONS CONTENUES DANS CE LIVRE.

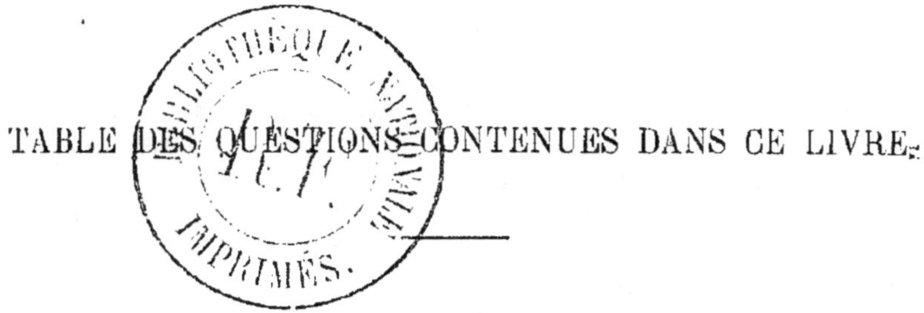

Situation météorologique du sol

Solidarité des éléments qui constituent la productibilité du sol

LIVRE IIᵉ

PREMIÈRE PARTIE

DES ASSOLEMENTS

PLANTES CLASSÉES SELON LEUR MODE DE VÉGÉTATION

PLANTES CLASSÉES SELON LA DESTINATION DE LEURS PRODUITS

DEUXIÈME PARTIE

DES PRAIRIES ARTIFICIELLES ET DES PRAIRIES NATURELLES

DES PRAIRIES NATURELLES

DES PRAIRIES ARTIFICIELLES

TRÈFLE COMMUN OU TRÈFLE VIOLET

MINETTE DORÉE

SAINFOIN, ESPARCETTE OU BOURGOGNE

LUZERNE

BETTERAVES

L'ART DU SEMEUR

DE LA MANIÈRE DE SEMER A LA VOLÉE ET DES DEUX MAINS

LIVRE IVᵉ

ÉTUDE GÉOLOGIQUE DU SOL

L'ALUMINE

LA SILICE

ÉPILOGUE

Chartres. — Imprimerie Durand frères.